W0224890

Die Arbeit an diesem Roman wurde von der Stadt Zürich mit einem Werkjahr und von der Robert Bosch Stiftung im Rahmen des Programms »Grenzgänger China – Deutschland« unterstützt.

Die Publikation des Romans wurde von der Fachstelle Kultur Kanton Zürich unterstützt.

Kanton Zürich
Fachstelle Kultur

© 2021 Verlag Das Wunderhorn GmbH
Rohrbacherstrasse 18, D-69115 Heidelberg
www.wunderhorn.de

Alle Rechte vorbehalten. Kein Teil des Werks darf in irgendeiner Form (durch Fotografie, Mikrofilm oder ein anderes Verfahren) ohne schriftliche Genehmigung des Verlags reproduziert werden oder unter Verwendung elektronischer Systeme verarbeitet, vervielfältigt oder verbreitet werden.

Gestaltung & Satz: philotypen
Druck: NINO Druck GmbH,
Neustadt/Weinstrasse
ISBN: 978-3-88423-649-9

MIX
Papier aus verantwortungsvollen Quellen
FSC
www.fsc.org
FSC® C006655

Annette Hug

Tiefenlager

Roman

Wunderhorn

大隐隐朝市
Große Einsiedler verbergen sich in der Stadt

Wang Kangju

1.

Bald werden wir in Ruhe arbeiten. In neuen Häusern. Dort beginnen wir nicht von vorn, denn die Ordensregel steht. Sie ist aus unseren Fehlern gewachsen. Auch die Zahlen stimmen. Was wir einander bisher zugeflüstert oder vorgetragen, was wir aufgeschrieben, berechnet oder gesungen haben, auch was wir uns immer wieder ausgemalt haben, stelle ich hier zur Verfügung.

2.

Mit einem glücklichen Zufall hatte alles begonnen. Hongkong war der perfekte Ort dafür, denn dort kreuzten sich viele Wege. Es war ein Kommen und Gehen aus allen Richtungen. Zwischen den Wolkenkratzern des zentralen Bezirks besetzten Frauen in Freizeitkleidung die Gehsteige, die Parkanlagen, Sitzbänke, die Unterführungen und die abgesperrte Chater Road. Sie saßen auf Pappkartons und in Zelten, hatten sich in Decken gewickelt und mit Mützen bewehrt gegen den Wind, der im Januar richtig kalt geworden war. Eine seltsame Thermik sorgte dafür, dass die Böen zwischen den hohen Fassaden abfielen, aber auch waagrecht über den Teer fegten. Die Fußgängerpassage unter dem Turm von HSBC wurde zum Windkanal.

Die Frauen in Freizeitkleidung waren Hausangestellte und kamen aus den südlichen Nachbarländern. Sie hatten jeden Sonntag frei, aber keine eigenen Räume, um sich darin aufzuhalten. Also verbrachten sie Stunden im Zentrum der Stadt. Sie saßen nicht nur auf, sondern auch zwischen Pappkartons. Wände wurden aufgerichtet und mit dem Kartonboden vernäht, man versammelte sich in dachfreien Zimmern. Und doch auf offener Straße. Leises Gemurmel war zu hören und Musik aus verstärkten Mobiltelefonen, oft brach in einem Kabäuschen Gelächter aus.

Auch ein Tunnel, der die Chater Road mit der Uferpromenade verband, war dicht besetzt. Frauen massierten sich gegenseitig. Thermoskannen und Ghettoblaster heizten die Luft auf. Wer wollte, nahm einen Aufzug, um aus der Menschenmenge in die Höhe zu gelangen. Eine Passerelle gab den Blick frei auf das Ufer und das aufgeraute Wasser der Bucht. Dahinter erhoben sich die matt glänzenden Fassaden von Kowloon. Rolltreppen führten von der Passerelle hinab auf Rasenflächen. Auch dort saßen Leute eng beieinander und duckten sich. Größere Gruppen trotzten dem Wind und der Kälte durch Bewegung. Streng choreographiert und trotzdem elegant sprangen sie auf, warfen die Arme von sich, schwangen den Kopf hin und her und traten an Ort. Der Wind zerschlug die Musik, zu der sie tanzten.

Vier Gestalten nah am Ufer hoben sich still von allen anderen ab. Ihre Bewegungen passten nicht in die Szenerie. Da turnte jemand vor, der an einen chinesischen Stadtpark in den frühen Morgenstunden erinnerte. Schwer zu sagen, wie alt die Person war; eine grellblaue Strähne fiel über ihr kurz geschnittenes, schwarzes Haar. Die Arme bewegte sie unerhört langsam hin und her, waagrecht auf Schulterhöhe, auch im Rumpf drehte sie sich nach links, dann wieder nach rechts. Übungen, die sonst nur von Rentnerinnen und Rentnern ausgeführt wurden, brachten eine seltsame Ruhe in den Wind und in die verschepperte Musik. Wobei die drei Frauen, die alles nachturnten, aus dem Takt fielen. Eine täuschte sich in der Richtung, eine andere hob den falschen Fuß. Dank der Leiterin strahlte das Grüppchen trotzdem Geschlossenheit aus.

Über eine Rolltreppe kam eine Frau im Hosenanzug auf die Rasenfläche, bewegte sich in ungeeignet eleganten Schuhen über den Rasen und reihte sich hinter der Frau mit der grellblauen Strähne ein. Ihre Handtasche sank zu Boden, bevor sie mit den andern in die Knie ging, die Beine weit auseinander. Bald gerieten auch ihr die Richtungen und Füße durcheinander.

Als die Vorturnerin ihre Übung beendet hatte, drehte sie sich um und stockte, sah die Fremde in ihrer Gruppe überrascht an. War das Pierina, Pina – oder hieß sie Petra? Wie kam sie auf einen Rasen in Hongkong?

»Betty Wang?«, fragte die Frau im Hosenanzug. Sie hieß tatsächlich Petra.

Vor langer Zeit hatte sie sich in Manila mit Kleinstkrediten beschäftigt, mit mühsam berappten Darlehenskassen in Armenvierteln. Im Hinterzimmer eines gekühlten Büros hatte sie Zahlen von Handlisten in Excel-Tabellen übertragen, Anträge und Auswertungen in europäischen Jargon übersetzt. Neben ihr war damals eine Studentin der Krankenpflege gesessen, die für etwas Geld Protokolle abtippte. Betty Wang. Beide waren knapp über zwanzig. Der Kalte Krieg war gerade zu Ende gegangen.

Ein Vierteljahrhundert später zogen sie von der grünen Uferpromenade Hongkongs in einen Kaffeeladen. In einer verborgenen Nische saßen sie zwischen Bücherregalen und versuchten sich zu erinnern. Als sie sich kennengelernt hatten, war in der Nähe von Manila gerade ein Vulkan ausgebrochen. Eine seltsame Stille hatte sich auf die Stadt gelegt. Die Haare von Menschen, die sich im Freien aufhielten, färbten sich weiß. Ströme von Schlamm begruben Dörfer unter sich. Amerikanische Kampfflugzeuge, die unter dem Vulkan stationiert waren, verloren ihre Konturen unter dichtem Grau. In jenen Tagen hatten Betty und Petra in einem Bus gesessen, der über Land fuhr. In Hongkong erinnerten sie sich an kein Ziel. Nur ans Wippen auf den gefederten Sitzen. Kullernd. Und dass sie es beide begrüßt hatten, plötzlich weiße Haare zu haben. Gerne wären sie abgeklärt gewesen, weise und imstande, Eruptionen von Vulkanen, Militärgewalt und Volkszorn vorauszusehen.

Persönlich war Petra von Gefühlsausbrüchen getrieben. Weil sie sich verliebt hatte, war sie in Manila gelandet. Im gekühlten Büro, in dem sie Arbeit gefunden hatte, trug sie eine alte Angst ab. Einen guten Teil ihrer Kindheit war sie davon ausgegangen, dass ein Atomkrieg ihr Leben früh beenden würde. Eine Bombe war angekündigt. Feuersbrünste würden den europäischen Kontinent verheeren, hatte sie gehört, und jeder Donner weckte fortan die Erwartung, dass der Himmel bersten könnte. Bomben einzumotten, schien ihr jahrelang das Wichtigste auf der Welt. Es erfüllte sie mit tiefer Freude, dass die amerikanischen Kampfjets in der Nähe von Manila unter Vulkanasche verschwanden. Von Gesetzen, die Börsenkurse mit Hunger und Truppeneinsätzen verbanden, meinte sie eine ungefähre Ahnung zu haben und beim Übertragen von Handnotizen in Excel-Tabellen entdeckte sie, dass sie den Zahlen, die sie prüfen konnte, mehr vertraute als allen Worten. Wenn sich wirklich Geld verschob, Eigentümer wechselten und ungeahnte Ausgaben finanzierbar wurden, sah Petra tieferen Sinn, Besänftigung und Möglichkeiten von Glück. Das Wohlstandsgefälle wollte sie Posten um Posten abtragen. Und sie gewann Freundinnen. In Bierschuppen und privaten Gärten trafen sich damals Studentinnen und Studenten aus der Stadt, aus den Provinzen und aus Übersee, Juristen, die gerade ihre ersten Fälle betreuten, verarmte Töchter auf der Suche nach einer Aufgabe, angehende Expertinnen aus Japan, Nepal oder Vietnam, verquere Ökonomen; alle sprachen irgendwie Tagalog oder Englisch. Die meisten protestierten auch gegen die Regierung, die ihnen mutlos und korrupt erschien. Sie verketteten sich in Viererreihen, die Arme schmerzhaft eingehakt, bewaffnete Polizisten im Blick, und sie diskutierten nächtelang, man durfte in jenen Bierschuppen abschweifen beim Erzählen, den Faden verlieren, weil ihn bestimmt jemand anders aufnehmen würde, irgendwann kam das Gespräch zurück zur Frage, was zu tun sei. Jetzt, da der Kalte Krieg zu Ende gegangen war. An einigen Orten der Welt, zum Beispiel in Manila, hielt die Hoffnung auf einen großen Frieden an. Fernen Massakern sah man ungläubig zu.

Betty Wang trug ihr Haar damals hüftlang. Sie studierte Krankenpflege, sah dem Berufsalltag in blassgrüner Uniform mit gemischten Gefühlen entgegen. Stumm und steif stand sie dabei, wenn andere in einem privaten Garten tanzten. Nur wenn die Nächte lang wurden, kam Betty manchmal ins Reden. Einmal sagte sie klar und deutlich, dass sie für nichts in der Welt zur Waffe greifen würde. Petra erinnerte sich an den Eklat: Betty wurde von einer älteren Dame gescholten, gab laut zurück, stieß dabei Worte aus wie Pressluft, die sich in jahrelanger Ehrerbietung angestaut hatten. Und sie übernachtete manchmal wie Petra im Büro. In einem kleinen Hinterzimmer wurden Seegrasmatten ausgerollt. Darauf lagen auch drei Kinder und eine Mutter. Kleine Jungen, noch nicht acht Jahre alt, sprangen herum, als sei der harte Flur ein Trampolin, sie ließen sich auf die kreischenden Frauen fallen. Bevor sie nicht in eine Wand gekracht und laut weinend zusammengesackt waren, fielen sie nicht in den Schlaf. Daran erinnerte sich Betty, in der hintersten Nische eines Kaffeeladens in Hongkong.

Als der Kalte Krieg zu Ende gegangen war, zogen die amerikanischen Truppen aus den Philippinen ab. Patrioten aller Couleur jubelten, auch Frauenverbände und Kreditgenossenschaften. In ihren Büros wurde gefeiert. Dann standen Mütter vor der Tür und sagten: »Wir haben mit euch die Amerikaner vertrieben, jetzt hungern unsere Kinder.« Aus den verlassenen Bars der Truppenstützpunkte waren sie in die Hauptstadt gezogen und quartierten sich in Hinterzimmern ein, übernahmen Hausarbeit, die auch in Büros anfiel. Nachts breiteten sie Seegrasmatten aus und gewährten den jungen Angestellten Obdach, wenn allgemein gewarnt wurde; damals, als Betty und Petra gleichzeitig den nächtlichen Heimweg scheuten, machten Polizisten Jagd auf junge Frauen, die zwischen elf und ein Uhr nachts ihre Schicht beendeten.

In Hongkong erinnerten sich beide ohne Schrecken an die Mordserie. Ihre Angst hatte sich in der Erinnerung an die springenden und lachenden Jungen aufgelöst.

»Unglaublich schlecht erzogene Kinder«, sagte Betty.

Petra sprach kurz von beruflichen Stationen: Sie hatte oft die Stelle gewechselt. Mit vierzig hatte sie begonnen, Ratschläge zu erteilen. Sie berechnete Zukunftsaussichten und Alterskapital, reiste von Land zu Land. Nach Hongkong kam sie häufig. Wenn sie einmal nach Hause zurückkehrte, wohnte sie dort in einer Pension.

Mütter waren gestorben. Petra sprach davon, dass die Luft zum Atmen dünner geworden sei. Betty nickte, als sei ihr das Gefühl bekannt.

»Liebe?«

Betty schüttelte den Kopf und kam dann auf das Hinterzimmer jenes Büros zurück: »Da war doch auch das kleine Mädchen ...«

»Hieß sie Baby Lu?«

»Die Jungen waren eingeschlafen, da stand sie vorsichtig auf. Sie kam auf uns zu und sagte ganz leise, fast flüsternd: ›Ratet mal, wer ich bin!‹ Sie schien selbst gespannt auf die Antwort. Und wusste nicht: Würde sie gleich jemand anders werden? Noch bevor wir antworten konnten, sagte sie: ›Ich bin ...‹, hielt den Atem an. Ein einziges Wort würde ihr einen neuen Körper bescheren. ›Ich bin ein Vogel‹, sagte sie mit aufgerissenen Augen, ausgestreckten Armen. ›Guten Abend, Frau Vogel‹, sagten wir leise, um die Jungen nicht aufzuwecken. Daran habe ich oft gedacht: An den Blick in ihren Augen. Ich habe sie beneidet um den Schauer und den Mut, mit dem sie sagte: ›Ich bin ein Vogel.‹ Immer wieder sagte sie das, zwanzig, fünfzig Mal. Der Zauber schwächte sich nicht ab.«

Petra erinnerte sich nicht an die Szene, aber das Gesicht des Mädchens sah sie deutlich vor sich. In jenem

Hinterzimmer schien alles ausgesetzt, was unaufhaltsam und zermürbend seinen Lauf nahm: Morde und Truppenverschiebungen, heiser gebrüllte Reden. Betty entzog sich den politischen Wallungen. Aus dem Büro wechselte sie in einen strengen Schichtplan. Mit leisem Neid hörte Petra, dass Betty mehr als fünfzehn Jahre im selben Spital gearbeitet hatte.

»Das, was ich da machte, war immer notwendig.«

»Und jetzt, in Hongkong?«

»Kein Vergleich.«

Zum ersten Mal blitzten Bettys Augen auf, als stünde sie wieder kampfbereit in einer Menge, die ihr gespannt beim Streiten zusah. Hongkong sei ein Patient auf der Intensivstation, er werde mit Pumpen am Leben erhalten, alles sei auf Dialyse durch künstliche Nieren angewiesen, auf Sauerstoffzufuhr, Impulse fürs Herz. Würde man die Maschinen alle auf einmal abstellen, wäre der Patient sofort tot. Der Umstieg auf die eigene Atmung müsse sorgfältig eingeleitet werden. Wie überall. Einen sachten Ausstieg aus der künstlichen Überhitzung der Welt skizzierte sie und wirkte zuversichtlich. Sie würde gern wieder in einem High-Tech-Spital arbeiten, in einer internationalen Organisation vielleicht auch, egal wo auf der Welt. Seit zwei Jahren sei sie ohne Uniform, beruflich in der Schwebe. Hongkong sei der falsche Ort für das Leben, das sie sich noch vorgenommen habe.

»Wir könnten zusammen ein Kloster gründen«, sagte Petra.

So sind wir in die Welt gekommen. Hätte Betty in jenem Moment gelacht oder das Gesicht verzogen, dann gäbe es uns nicht. Sie blickte aber ausdruckslos, doch irgendwie offen, sonst hätte Petra nicht den Mut gefasst, von einem Plan zu erzählen, den sie seit einem Tag und einer Nacht in Erwägung zog. In einem schwachen Moment war er ihr zugefallen.

Sie hatte in Hongkong über die Zukunft von Altersrenten diskutiert, in wechselnden Sprachen. Prognosen gingen weit auseinander. Zahlen wurden an die Wand projiziert, die niemand belegen konnte. Trotzdem wurden sie von markigen Worten begleitet, von großen Tönen. Petra versackte. Lustlos saß sie da, stahl sich dann weg, verirrte sich in die Zwischenetage eines Hochhauses, das an Plattenbauten erinnerte – dort habe sie sich nicht verloren gefühlt, erzählte sie uns später, mit plötzlicher Neugier habe sie die Reste vergilbter Klebestreifen an den Wänden betrachtet und die erstbeste Tür geöffnet. Sie trat auf den spiegelnden Boden einer Einkaufspassage, ging durch eine Parfumwolke in die Partymeile, dort lockte eine mexikanische Bar mit freien Hockern. Und da saß auch schon ein anderer Teilnehmer der Konferenz, ein alter Bekannter, Spezialist für die Berechnung von Wahrscheinlichkeiten. Später nannten wir ihn »den Zuständigen«, irgendwann konnten wir seinen Namen nicht mehr aussprechen, ohne zu fluchen.

In Hongkong trank er mit Petra eine Flasche Wein, dann härtere Absacker. Der Alkohol sorgte dafür, dass Statistiken entgleisten, Gedanken bewegten sich sprunghaft. Die Suche nach Gesetzen, die ihnen die Zukunft der Arbeitslosenraten, der Sterblichkeit und der Zinssätze in klaren Formeln vermitteln würden, betrieben sie nur noch als Spiel. Wenn andere im vollen Ernst die Entwicklung der mittleren Einkommen auf Punkt und Komma vorhersagten, lächelten sie müde. Der Bekannte hörte geduldig zu, als Petra von einem alten Chinesen erzählte, den sie gerade las. Ein verbannter Beamter, ein Verrückter, der nicht mehr wusste, wer er war. Seit es Kaiser gab im Reich der Mitte, hoben sie Untergebene aus dem Amt. Schickten sie in hinterste Provinzen. Und da entdeckten die Verbannten endlich den Regen und den Mondschein. Sie schrieben richtig schöne Bücher.

Petra gestand dem Bekannten ihren absurden Wunsch, ein Kaiser möge sie ihres Amtes entheben. Am Nebentisch grölten Rugbyspieler.

»Aber Du darfst die Institutionen nicht aufgeben«, entgegnete der Spezialist für Wahrscheinlichkeiten.

Ein Konsortium, für das er manchmal arbeite, stehe kurz davor, ein altes Problem für immer zu lösen. Er sprach von Energie und von Stoffen. Petra gab sich einen Ruck und versuchte sich Sätze ins Gedächtnis zu rufen, die sie gerade eben, aber nur undeutlich vernommen hatte. Dazu schloss sie die Augen und meinte, in ein Loch zu fallen. Er beschrieb Kavernen. Richtig wach wurde sie, als sich seine Hand schwer auf ihre Schulter legte. Sie hob die Augen, um dem Bekannten direkt ins Gesicht zu blicken. Er sagte: »Ehrlich. Du kannst ein geruhsames Leben führen und damit die Welt retten. Überleg Dir das.«

Am nächsten Morgen fand Petra ein Konzeptpapier auf ihrem Rechner. Sie las es beim Frühstück. Nach dem technischen sei das menschliche Problem zu lösen. »Vision: Kein Mensch wird durch die Strahlung eines Endlagers für nukleare Abfälle getötet.« Sie erinnerte sich vage, dass an der Bar auch Ausnahmen zur Sprache gekommen waren und die Gefährdung von Mäusen. Das Wort »Opfer« war Petra ungut in Erinnerung geblieben. In der Skizze folgten nun mehrere Passagen, die vom Allgemeinen zum Konkreten abstiegen, vom »Outcome« zu »Grenzwerten« und zur Notwendigkeit, die Gefahren des Atommülls den künftigen Generationen, Völkern oder Spezies zu übermitteln. Die Frage war: wie?

»Ways and means: Zur Umsetzung der Ziele wird ein Orden gegründet.«

Der Autor erlaubte sich einen Ausflug in die Geschichte, Petra las von irischen Wandermönchen, die im verheerten Europa am Rande der Zeit Abteien gründeten. »Ein Kloster ist die zuverlässigste bisher bekannte Methode, Wissen zu sichern und von Generation zu Generation zu übermitteln«, stand in der Skizze. »Zielgröße: eine Million Jahre.« Dann würde die Strahlung nicht mehr gefährlich sein. Ein Orden würde die Zeit überdauern und gegen die Gefahren warnen, die einem Endlager blühten: Erdbeben und Verblödung, Bandenkriege oder Meteoriteneinschlag, Korrosion.

»Do no harm: Das Konsortium legt Wert darauf, mit diesem Projekt keine zusätzlichen Gefahren in die Welt zu setzen. Jede Form von Fanatismus ist zu vermeiden.« Ausgeschlossen sei, an bestehende Organisationen anzuknüpfen. »Respekt vor der Wissenschaft wird vorausgesetzt«, hatte der Bekannte an der Bar betont und war dann zur Sache gekommen, seine Hand angespannt am Glas. Sie, Petra, entspreche nicht ganz, aber doch weitgehend den Kriterien, sie kenne sich mit Wahrscheinlichkeitsrechnung aus, habe Führungserfahrung und Phantasie, sei ungebunden und wirtschaftlich bewandert, betriebs- und hauswirtschaftlich, der Orden müsse einen Alltag entwickeln, unabhängig werden, nach zwei Jahren selbsttragend.

Betty Wang las das Konzept im Kaffeeladen. Auf dem kleinen Bildschirm von Petras Telefon stachen die Zwischentitel grün hervor. Betty nickte da und dort, lächelte auch. Schließlich wollte sie über alles nachdenken und fragte: »Wie soll der Orden denn heißen?«

»Das weiß ich nicht.«

»Hüter des Ewigen Feuers?«

Petra schüttelte zaghaft den Kopf.

3.

In Europa lud der Zuständige zu Verhandlungen ein. Er präsentierte eine Liegenschaft. Den Namen, den er provisorisch gewählt hatte, ließ Petra in den Verträgen stehen. Sie nannte ihn aber nicht, wenn sie mit Betty über den Orden nachdachte. Niemals sprach sie von einer »Arbeitsgruppe Transtemporaler Kompetenzerhalt«.

»Amselverein« steht in ihrem Tagebuch. Sie notierte wenig zu den Entscheidungen, die sie traf, aber viel zur Natur. Im Sommer '15 sah Petra das Stammhaus zum ersten Mal und besuchte es vor dem Einzug öfters, saß gern in seiner Nähe unter einem Nadelbaum. Die ersten zwei Jahre des Ordens hielt sie in kleinen Beobachtungen fest.

Auf einen langen trockenen Sommer, in dem Wespen halbreife Birnen aushöhlten, folgte ein Herbst, aber kein Winter. Das Gras wuchs auch im Januar und Wühlmäuse fielen in die Bienenstöcke ein, ließen sich nicht totstechen, fraßen Waben leer. Petra erwartete den Frühling ungeduldig. Aber es wurde dann doch noch Winter, Schnee fiel bis weit in den April. Fröstelnd saß sie unter Mirabellenblüten und träumte von einem Jahreskreis, der den Orden aus der Zeit hob. Es sollte immer Blüten geben im Frühling, man würde sich immer hinsetzen und sie bewundern können:

»... jedes Jahr werden die Perseiden zu sehen sein im Sommer, irgendwann Mitte August wird der Himmel nachts aufklaren, Sternschnuppen werden in lockerer Folge Glück versprechen. Es wird etwas zu ernten geben im Herbst, man wird sich nicht unterkriegen lassen, die Kartoffeln feiern, das Obst einlagern und ausgiebig trinken unter dem Mond, der im September, Oktober, November besonders groß und klar erscheint.«

Als Betty zusagte, nach Europa zu ziehen, wurde Petra zur Geschäftsführerin einer juristischen Person ernannt. Der Zuständige versprach, als guter Geist im Konsortium zu wirken und dem Orden von oben her zuzudienen. Das Stammhaus lag in einem ehemaligen Steinbruch im Wald versteckt, weit ab von allen Feldern. Am Eingang der weiten Grube waren die Hänge beidseitig abgerutscht und schlossen den Hof fast vollständig ein. Den einzigen Sonnenhang, einen Schotterkegel, hatte der Bauer, der hier siedelte, terrassiert. Er sei ein Spinner gewesen, hieß es im Dorf, und ein Verräter, sonst hätte er dem Konsortium nicht freiwillig Land verkauft.

Als Betty und Petra im Oktober '15 den Hof bezogen, nannten sie sich »Müllmänner«. Betty lernte Deutsch. »Wir sind hier die Müllmänner«, sagte sie häufig, etwas ironisch, aber das änderte sich, als tatsächlich Männer dazustießen. Von nun an wurden im Alltag die neutralen englischen Namen »trashers« und »dumpers« verwendet. Der Müll, dem der Orden seine Gründung verdankt, hieß und heißt manchmal Abfall, Ressource, Dreck, Güsel, Grümpel, Schrott, Kehricht, Wertstoff, Ramsch, rubbish, waste, Schutt oder einfach Rest. Dass ein Ordensmitglied irgendwann begonnen haben soll, von Reliquum zu sprechen, ist nicht wahr.

Tief unter dem Stammhaus zieht sich eine dunkle Gesteinsschicht durch den Grund, sie ist 174 Millionen Jahre alt und beweglich. Es ist ein Wundergestein mit einem schönen Namen: Opalinuston. Schlägt man eine Höhle in diese Schicht und legt einen Behälter hinein, gießt Mantelmaterial in die Lücken, dann wird auch der Stein ein klein wenig aufquellen. Er wird den strahlenden Inhalt abschotten wie in einem uralten Bauch.

Vor zehn Millionen Jahren wurde dieses dunkle Band hochgehoben; mehrere, parallel laufende Bergketten haben sich gebildet. Dann krochen die Gletscher von

Süden heran, deckten die Gegend zu. Sie schoben Geröll vor sich her, das zurückblieb, als die Gletscher schmolzen. Moränenhügel liegen jetzt quer, manchmal parallel zu den älteren Bergketten, ein unübersichtliches Hügelland mit breiteren und schmaleren Tälern ist entstanden. Die Flüsse und Bäche halten sich nicht an die Täler, die schon da sind, sie brechen durch die Hügelzüge, fressen sich neue Quertäler, ruhig liegt nur der Opalinuston, tief unter allem Land, das Wirtgestein. Es soll den strahlenden Müll aufnehmen und ewig sichern.

Südlich des Rheins, der sich durch dieses Hügelland zieht, werden die Bauarbeiten in zehn Jahren beginnen – es sei denn, die Pläne des Konsortiums würden von wirtschaftlichen Schwierigkeiten oder einer Volksabstimmung durchkreuzt. Seit Kurzem wissen wir, dass auch nördlich des Rheins ein Lager gebaut werden könnte. Im Tongestein. Rund um den Globus suchen Konzerne einen sicheren Ort. Und wir machen uns bereit für die vollständige Dokumentation. Wir sammeln uns und fragen, wie die Eigenschaften der Tiefenfracht festzuhalten seien. In einem universalen Code? In allen möglichen Sprachen?

Wenn beim Stammhaus irgendwann die Baumaschinen auffahren, werden wir das aus der Ferne verfolgen, denn wir haben uns vorzeitig zerstreut. Auf drei Kontinenten halten wir unseren Tagesablauf ein und erinnern uns an einen Satz, den Petra unter Mirabellenblüten gesprochen hat: »Einfach zu dauern, scheint mir Aufgabe genug.«

Das Stammhaus steht uns noch klar vor Augen, wir träumen alle davon. Kurt kannte es am besten. Er wurde anfangs als Hausmeister verpflichtet, als Angestellter, und ist dem Orden dann unverhofft beigetreten. Mit Anatol, der als vierter ankam, arbeitete er im Simulatorium. Als die Pioniere ihre Ämter benannten, erhielt

Kurt den Titel »Maschinist«. Er sorgte für den Hof mit allem Drum und Dran.

Der Bauer, dem das Land gehört hatte, war in den 1960er Jahren ermuntert worden, sein kleines Haus im Dorf zu räumen und auf freiem Feld technisch aufzurüsten. Da er kein Ackerland verbauen wollte, zog er in den ehemaligen Steinbruch. Dort ließ er eine Maschinenhalle errichten, einen großen Stall und ein Einfamilienhaus. Letzteres war zu klein für den Orden. Kurt baute den Keller aus, als sich Anatol angekündigt hatte, und als auch Céline anreiste, wurde der Dachstock isoliert und wohnlich eingerichtet. Petra ging Kurt zur Hand, wo sie konnte, Betty kümmerte sich um den Garten. Viel studiert haben alle, gelesen, gerechnet und geschrieben. Die Ersten Fünf gingen davon aus, dass sie zu wenig wussten. Sie wollten alles besser verstehen und genossen es, dass sie dafür unglaublich viel Zeit hatten.

»Ein Kloster lagert kein totes Wissen«, versprachen sie den Neuen, die sie anwarben. »Jede Generation wird übersetzen, anreichern und prüfen. Wir werden immer wieder die richtigen Sprachen finden.«

Im Sommer '16 kamen zehn Neue dazu. Wir füllten die Ämter auf, sorgten für neue Einnahmen und erhöhte Aktivität. Auch Streit brach aus. Aber wir fanden wieder zur Einheit, legten Regeln fest. Die meisten von uns nahmen nicht wahr, dass sich ein Zerwürfnis mit dem Konsortium anbahnte. Nur wenige bekamen die Nachrichten zu Gesicht, die Petra mit der Finanzabteilung unserer Auftraggeber wechselte. Bis die bekannt gaben, unser Versuch sei gescheitert. Da schrieben wir den Frühling '17. Das Gebilde, das uns konzipiert hatte, schien weit weg. Unter uns sprachen wir nur noch abfällig von den Konsorten. Den Namen des Zuständigen sprachen wir gar nicht mehr aus. Die uns geprüft haben wollen, hatten keine Vorstellung davon, was bei uns gedieh. Sie verstanden nicht, was es heißt, ein Gelübde abzulegen, sein restliches Leben einer Aufgabe zu widmen. Sie konnten uns nicht abschaffen.

Wir finden neue Brüder und Schwestern. Wer irgendwo aufgerieben wird zwischen panischer Hektik und ängstlicher Starre, findet bei uns eine Insel der Vernunft. Wir lernen und arbeiten. Was uns antreibt, findet sich in klassischen Werken von Irmtraud Morgner und Alexander Kluge, auch im altchinesischen Zhuangzi, es zeigt sich in morgendlichen Übungen, in Losungen und Lektionen, in den Regeln der Gemeinschaft. »Anatols große und erweitere Formelsammlung« liefert die Grundlage für Simulationen, die zuerst in der Maschinenhalle des Stammhauses Gestalt annahmen. Jedes Mitglied musste dort in einen verkabelten Anzug schlüpfen, einen Helm aufsetzen, sich mit dem digitalen Hirn eines Roboters vereinen, nach einem Alarm in Kavernen absteigen, in sicherem Abstand von jedem Lebewesen Risse im Fels vermessen, einen Wassereinbruch bekämpfen oder Schweißnähte prüfen.

Im Nachwort von Anatols Formelsammlung steht die Bezeichnung »Mindere Forscher«, die dem Orden, seiner Demut und seinem unendlichen Ehrgeiz am besten entspricht.

4.

Anatol wusste genau, was für eine Kirche er sicher nicht gründen würde. Keinen einzigen Tod werde er schönreden, sagte er gleich bei seiner Ankunft zu Petra, sein Innenleben sei streng privat, Rechenschaft werde er nur über seine Taten ablegen. Auch singe er nur, wenn ihm danach sei.

»Wird hier gesungen?«

»Bisher nur privat«, gab Petra zur Antwort.

»Wer versteht etwas von Nuklearphysik?«

»Kurt. Vom Praktischen her.«

»Und sonst?«

»Niemand.«

Anatol war Nuklearphysiker. Er kannte sich aus. »Mehr vom Theoretischen her«, sagte er nach einigen Wochen zu Kurt, denn er hatte nur kurze Zeit in einem Atomkraftwerk gearbeitet. Das war in den 1990er Jahren gewesen, also schon lange her. Damals hatten die jüngeren Ingenieure und die Hilfsarbeiter für höhere Zulagen protestiert. Bald hatten sie alle gegen sich aufgebracht: die Alten, die Kommunisten, die Kapitalisten, Präsident Jelzin persönlich. Seither wusste Anatol auch ganz genau, was für einer Gewerkschaft er bestimmt nie beitreten würde: Einer Staatsgewerkschaft, die sich wie ein wankender Stahlturm auf jeden Funken Unruhe fallen lässt, alles platt macht, selbst wenn es den Staat, dem sie angehört, gar nicht mehr gibt.

»Dunkel«, sagte Betty auf Deutsch, als ihr Anatol erzählte, wie es damals gewesen sei in dem russischen AKW, wo er Anarchosyndikalist geworden war.

Petra bat ihn, das Amt des Forschers zu übernehmen, Physik und einiges mehr zu unterrichten. So begann Anatol, an seiner Formelsammlung zu arbeiten, Lektionen zu entwickeln, und mit Kurt saß er täglich zusammen, bis die erste Simulation lief.

»Worauf gründest Du Deine Hoffnung?«, fragte ihn Betty am ersten Tag.

»Auf uns und unsere Bereitschaft zum Opfer.«

Die Aufnahmebedingungen des Ordens hatten ihm sofort eingeleuchtet: Ein Mensch, der eintritt, muss mindestens 45 Jahre alt sein. Allfälligen Erben ist ein Pflichtteil auszuzahlen, das restliche Vermögen ist einzubringen. Von der Möglichkeit, in diesem Leben noch einmal Vater oder Mutter zu werden, ist glaubhaft Abschied zu nehmen.

Als das erste gemeinsame Gewand eingeführt wurde, sprach sich Anatol für einen kyrillischen Schriftzug auf der rechten, äußeren Hosennaht aus. Das Wort, das da stehen sollte, hieß auf Russisch und auf Deutsch »Liquidator«. Die Hose konnte sehr günstig und in großen Mengen im Laden des landwirtschaftlichen Genossenschaftsbundes gekauft werden. Es war eine graue Arbeitshose mit schwarzen Taschen. Ликвидатор sollte stets daran erinnern, dass der Träger dieser Hose zu sterben bereit war.

Wenn Anatol betete, dann für die Seelen jener Männer, die in Tschernobyl auf das Dach von Block 3 gestiegen waren, als Block 4 schon durchgebrannt war, und für die Bauarbeiter, die mit Beton einen Sarkophag errichteten und dabei verstrahlt wurden, für die Krankenschwestern, die Patienten auch dann noch pflegten, wenn sie zu gefährlichen Strahlenquellen geworden waren. Niemand konnte alle Namen der Toten nennen, es waren Tausende, Zehn- vielleicht Hunderttausende. Aber einige Namen nannte Anatol im zweiten April, als wir unsere Arbeit unterbrachen, um der Liquidatoren von Tschernobyl zu gedenken.

Weil er keinem Staat mehr angehören wollte, der Tausende von Menschen unwissend in den Tod schickt, war

Anatol zum Orden gestoßen. Irgendjemand musste im Notfall freiwillig tun, was zu tun war.

Kurt sah das genauso, aber er hatte eine bessere Meinung von AKWs, von Staaten und von Kirchen. Sogar dem Konsortium brachte er zu Beginn ein gewisses Vertrauen entgegen. Ein Konzern, der dem Konsortium angehörte, betrieb in der Nähe des Stammhauses einen Atommeiler. Dort war Kurt jahrelang angestellt gewesen. Als ihm ein Zerwürfnis mit seinem Vorgesetzten die Arbeit erschwerte, boten sie ihm eine Stelle als Hausmeister der neuen Außenstelle an. So schied er aus dem Dienst im AKW aus, kümmerte sich im alten Steinbruch um die Gebäude des Ordens, um das Wohnhaus und die Maschinenhalle. Im Garten arbeitete er Seite an Seite mit Betty Wang. Er kannte den Boden besser und das Gemüse. Sie war ihm körperlich überlegen. Das hätte er nicht erwartet.

Im AKW war Kurt der Hektik stets mit Ruhe begegnet. Nur so sei ein Unfall zu vermeiden, ermahnte er Petra, wenn sie klappernd und stolpernd unterwegs war. Das wusste auch Betty. Sie kam aus einem Land, in dem die Leute abfällig sagten: »Der hat wohl pressiert«, wenn einer von einer Leiter stürzte, auf der Treppe stolperte oder einen Teller fallen ließ. »Nöd jufle«, war einer der wenigen alemannischen Ausdrücke, die ins Alltagsenglisch des Ordens eingingen: »Nichts überstürzen. Nicht huddeln. Don't hurry«.

Kurt arbeitete nicht langsam, aber in einem steten Rhythmus. Bevor er ein Gerät ablegte, schaute er genau hin, ob da Platz war. Er hob auch nichts auf, ohne sich zuerst zu vergewissern, ob wirklich das Werkzeug bereitlag, das er sich vorgestellt hatte. Vier Bildschirme konnte er stundenlang parallel und aufmerksam betrachten, ohne etwas in eine Tastatur zu tippen, auch ohne einzunicken. Bei Routinearbeiten führte er die Handgriffe so exakt aus, als sei er selber eine Maschine. Automatisch, aber nicht gedankenlos.

Im Garten legte er Wert darauf, dass beim Jäten die Wurzeln der erwünschten, deshalb verschonten Pflanzen nicht verletzt wurden. Wildes Herumhacken war ihm ein Gräuel. Mit Betty teilte er die Devise: »Man muss den Kopf bei der Sache haben.«

»Das falsche Ventil geöffnet, schon steigt der Druck. Zwei Eimer verwechselt, schon fließt verstrahltes Material, wo es nicht sollte. Ein kleiner Fehler reiht sich an den nächsten, das gibt noch keinen GAU, aber die Strahlung steigt, die Nervosität auch und die Fehlerquellen nehmen zu. Kühlen Kopf bewahren, heißt es dann. Und wenn du Pech hast, rasieren sie dir abends diesen Kopf, damit dich die eigenen Haare nicht verstrahlen. Wie ein Sträfling kommst du aus der Schicht und weißt, dass die Gesamtdosis in deinem Körper wieder stark angestiegen ist. Wenn es so weitergeht, entlassen sie dich Jahre vor der Pension.«

Kurt hatte nicht nur im nahe gelegenen AKW gearbeitet, sondern auch in einer Anlage in Frankreich. Er hatte geholfen, einen alten Meiler abzubauen, war dann heimgekehrt und auf einen recht viel jüngeren Vorgesetzten getroffen, der ihm Floskeln servierte, neue Beurteilungskriterien. Es kam zu Störungen und zu Rückenschmerzen. Die hielten im Kloster nicht lange an. Betty zeigte ihm Übungen. Auch im Garten konnte jede Kniebeuge, jedes Anheben der Schubkarre, jede einzelne Bewegung mit Konzentration, muskelstärkend und kräfteschonend ausgeführt werden. Bald turnte der ganze Orden vor dem Frühstück. Kurt und Betty lieferten ab und zu einen Schaukampf.

Sie brachten die anderen Gründungsmitglieder aber nicht dazu, den Lieblingsfilm der beiden zu mögen: »Die Rückkehr zu den 36 Kammern der Shaolin«. (Ein Film, dessen chinesischer Titel, 少林搭棚大師, von einem Journalisten als geheimer Name des Ordens missverstanden worden ist.) Hier sei sein Prinzip sehr schön dargelegt, sagte Kurt zu Petra: Ein Junge namens Ah Chieh kann sich nicht vorstellen, dass er in einen Orden aufgenommen würde. Also versucht er sich hineinzuschmuggeln, fliegt aber auf. Der Abt schickt ihn nicht fort, verknurrt ihn stattdessen dazu, das ganze Kloster einzurüsten. Drei Jahre lang arbeitet er am Baugerüst, das er ganz allein aus Bambusstangen aufrichtet, mit starken Schnüren sind die Stangen zu verknoten, bald kann er im Schlaf zwei Stangen übers Kreuz zusammenbinden. Niemand weiht ihn in Geheimnisse ein, kein Meister zeigt ihm etwas. Aber von seinem Gerüst aus schaut er den Mönchen zu, die im Innenhof trainieren. Wie von allein erledigen seine Hände schließlich die Arbeit und ganz nebenbei fließen die Übungen der Mönche in seine Bewegungen ein. Monatelang turnt er auf dem Gerüst herum, wird immer stärker, immer geschickter. Schließlich ist er, ohne es zu merken, ein begnadeter Kämpfer geworden. Mit einem eigenen Stil: Niemand sonst bindet seine Gegner mit starken Schnüren an Möbeln, Säulen und Pfosten fest.

Petra mochte die Idee, die Kurt und Betty mit diesem Film verbanden, aber sie zerschlug weiter Geschirr in der Küche, weil sie in Gedanken abschweifte und die Hände mitten in einer Bewegung etwas anderes taten, als sie sollten. Sie machte die Übungen mit, aber kaum saß sie an einem Gartenbeet, dachte sie an Bankkonten, ein Leck im Dach oder die kommende Eiszeit. Schon war die Wurzel einer mehrjährigen Rauke entzwei. Dabei hatte sie gehofft, mit dem Eintritt ins Kloster innere Ruhe zu finden. »... ein geruhsames Leben führen ...«, hatte der Zuständige gesagt, an jener Bar in Hongkong. Nachdem Petra alle Verträge unterschrieben hatte, vernahm sie nur noch wenig aus der Zentrale, und doch schien sich die ganze Nervosität des Konsortiums im Klosterhof zu entladen. Die technischen und organisatorischen Probleme des Tiefenlagers vermehrten sich mit jedem Planungsschritt und es dauerte Monate, bis Petra erstmals daran glaubte, dass sich der Orden finanzieren ließe. In jener ersten Zeit mochte sie sich treulich hinter Betty stellen und ihre langsamen Schritte imitieren, tief in den Bauch atmen, ausatmen, die Hände schwenken lassen, als seien sie von höheren Kräften getragen. Aber kaum hatte sie den ewigen Atem der Welt aus ihrer Brust entlassen, stürzten Sorgen auf sie ein. Nachts lag sie noch lange wach im Bett – bis die erste Million zusammen war und Céline eine eigenwillige Pentatonik einführte. Von den Fünftonreihen alter Mönchsgesänge und chinesischer Elegien wollte sie nichts wissen. Besinnliches machte sie nervös. Aber eine Obsession mit der Zahl Fünf war von Betty auf sie übergegangen. Fünf Klangspuren sollten es sein: metallische Geräusche, Vogelstimmen, Wummern und Schlagen. Manchmal sang jemand mit. Anatol hatte einen wunderbaren Bass.

5.

Niemand schien so unverrückbar an den Auftrag des Ordens zu glauben wie Betty Wang. Sie sprach selten, dann aber ausführlich und verästelt, sie sang leise, fast zu vorsichtig, arbeitete im Garten, übte sich im Kampfsport und versah das Amt der Medica. Woher ihr Glaube kam und wie man ihn nennen sollte, war schwer zu sagen.

In Manila war sie aufgewachsen. Als sie dort geboren wurde, galt sie noch als Ausländerin. Viele Jahre sah sie nichts als einen kleinen Ausschnitt ihres Viertels, ein kurzes Straßenstück und ihren Schulweg. Stundenlang schaute sie aus demselben Fenster auf den gegenüberliegenden Gehsteig, die sanft gerundete Kante, die alle paar Jahre weiß bemalt wurde, damit der Randstein wieder frisch aussah und mit ihm die ganze Straße. Auch von den Schachtdeckeln kannte sie jeden einzelnen, rechteckige Zementblöcke, die mit einer eisernen, eingegossenen Schlaufe versehen waren. Alle paar Jahre kam jemand, um den Deckel hochzuheben. Wenn die Regenzeit begann und die ersten Stürme über die Stadt fegten, trat Wasser aus den Kanälen, es stieg durch die Löcher in den bröckelnden Schachtdeckeln und verband sich nachmittags mit dem niederprasselnden Regen. Aus der Nachbarschaft tauchten Kinder auf, die kreischend vor Freude in der Überschwemmung plantschten, als sei das ihr Swimmingpool. Denn jetzt war der Sommer vorbei, die Hitze vorüber, das musste gefeiert werden.

Betty, ihre Schwestern und Brüder fragten erst gar nicht, ob sie auch nach draußen dürften, um mit den Kindern im Wasser herumzuhopsen. Sie saßen nur still hinter dem Fenster und schauten zu.

Auch Monate später, als es immer noch regnete und die Kinder verschwunden waren, das Wasser aber tagelang wie ein ruhiger, schmutziger Strom durch die Straße floss, saß Betty am selben Platz. Sie sehnte sich nach dem Sommer, den gelben Blüten der Bäume, die im Garten des Nachbars wuchsen. Sie freute sich auf das Weiß des Randsteins, sein fluoreszierendes Leuchten in der Sonne. Dann würden auch die Kinder zurückkommen, die Jungen vor allem, und abends vor dem Fenster spielen, bis es dunkel wurde.

Wenn sie sich vom Fenster ab und dem Fernseher zuwandte, sah sie auf dem kleinen Bildschirm, dass es jenseits ihrer Straße Boulevards gab, sechsspurig. Sie führten sternförmig in die Außenstädte; es gab ein Meer, neue Brücken, blitzblanke Einbauküchen, dicht bevölkerte, stählerne Fußgängerüberführungen, Einkaufszentren, Glitzerwelten, die sich hinter hohen Betonfassaden verbargen, Konzerthallen, Hochhäuser, Baukräne, Armen- und Villenviertel, die vom Meer her die Hügel hochwuchsen, sich in Wälder und Felder hineinfraßen.

Ihr Vater hatte ein eigenes Geschäft. Er lackierte Autos und blies Luft in ihre Reifen. Vor dem Geschäft stand, in roten Lettern auf orangem Grund: »vulcanizing shop« und Betty verstand nicht, was die Autopneus mit Vulkanen verband, was ihren Vater aus dem uralten Land hinterm Meer vertrieben hatte, aus jenem China, das er jeden Tag verteidigte, mit jeder Mahlzeit, jedem Balsam, den er einem seiner fünf Kinder einrieb, mit jedem Eintrag ins Kassenbuch. Er verbunkerte sich im Geschäft, das nicht weit vom Wohnhaus entfernt lag, am nächstgelegenen Boulevard, und gebot auch den Kindern Vorsicht. Betty wurde von großen Geschwistern, einem Onkel oder Cousin begleitet, wenn sie das Haus verließ.

Diese Geschichte hat Betty Petra diktiert. Oder vielleicht auch nur skizziert, ich meine beim Lesen oft Petras Stimme zu hören: »Vita of Betty Wang or the beginning of our common life« heißt das schmale Buch, das auch über den Orden hinaus zirkuliert. Seit wir verstreut sind, müssen wir viel mehr aufschreiben.

Mit dem Titel »Vita« bin ich nicht einverstanden, schließlich lebt Betty noch. Sie treibt uns weiter an. Nur das, was dasteht, ist abgeschlossen. Aus den verwirrenden Momenten eines Lebens hat sich eine feste Ordnung gefügt.

Als kleines Kind konnte Betty nicht wissen, wem in jener Straße von Manila die andern, die einheimischen Kinder verpflichtet waren, diese Jungen, die abends vor dem Haus auftauchten, sobald die Regenzeit vorbei war, Basketball spielten und dabei genauso plötzlich und schnell in die Luft sprangen, wie der harte Ball vom Boden abprallte. Betty beobachtete sie durch das Fliegengitter vor dem Fenster und durch die massiven Stäbe, die sie vor den Einbrechern schützten, vor den Entführern. Ständig erzählten die Eltern neue Geschichten von unbezahlbarem Lösegeld, verschwundenen Kindern, auch aus der Nachbarschaft. Leichen erwähnten sie nur kurz, hüllten sich dann in Schweigen, sodass es Betty überlassen war, sich aufgeschlitzte Bäuche und abgetrennte Köpfe selbst auszumalen. Den Vätern der Jungen, die abends vor dem Haus spielten, sei nicht zu trauen. Eine Freundschaft mit Kindern, die zu Hause keinen chinesischen Dialekt sprachen, war verboten. Aber Betty konnte ihre Augen nicht von den Jungen nehmen, die in erster Linie mit dem Basketball verwandt schienen, in kerngesunder Linie, denn unter dem zerfetzten, ausgebleichten Korb bewegten sich die Jungen flink und kräftig, ihre Glieder schienen perfekt zusammenzuwirken, da brach nichts aus. Ihr Spiel ließ jeden Mord vergessen. Und Betty mochte die Sprache des Kindermädchens lieber als das Mandarin, das ihnen in der chinesischen Schule eingebläut wurde, mit wenig Erfolg. Die Lehrerin misstraute ihren Schülern. Sie verdächtigte sie, den Einheimischen ähnlich zu werden, die sie als lebenslustig, aber faul beschrieb, gutmütig, aber verlogen, den Chinesen in allen wesentlichen Belangen unterlegen.

Das Kindermädchen war nicht nur gutmütig, sondern auch sehr herzlich, sie machte gern Witze, verballhornte nicht nur die Worte ihrer eigenen Sprache, sondern auch die chinesischen, die sie nicht verstand, sie schlug weniger hart zu als der Vater oder die Mutter. Und sie glaubte Betty sofort, als diese mit neun Jahren verkündete, ein männliches Herz in ihrer Brust zu tragen. Das sei nicht schön, sagte das Kindermädchen scheu zu den Eltern, aber es komme vor. Nicht selten sogar. Dieses Männerherz war dem Vater ein wüstes Omen, ein weiteres Zeichen des Untergangs. Als liege sein Kaiserreich einmal mehr in Trümmern. Die fremde Stadt, ihre Hitze, die Regenfluten, die Gewalt und das Laster hatten von seiner Tochter Besitz ergriffen. Sie verschloss sich allen Ermahnungen. Begrüßte insgeheim den Niedergang des vulcanizing shop, den Übertritt in die günstigere Volksschule, sie blühte auf unter den tagalog-sprechenden Kameradinnen. Von einem der Mädchen wurde sie besonders geliebt. Unter ihrem Blick soll sich Betty zum ersten Mal schön gefühlt haben, und wenn sie so eng beieinandersaßen, dass sie sich von den Oberschenkeln bis zu den Schultern berührten, schien die Zukunft golden.

Gemeinsam bewarben sie sich für einen Studiengang in Krankenpflege und ein Stipendium. Sie wurden angenommen. Mit achtzehn hatte Betty genug von den Schlägen, die ihr das Männerherz austreiben sollten. Sie lief weg, begann ihr eigenes Leben. In der »Vita« erscheint Manila als erste Meisterin, als überragende Gestalt eines Tantenhimmels, der Bettys Glauben – und damit den Orden – geprägt hat.

Erstmals tauchte sie nun allein in die Stadt ein, sie fragte sich durch, wenn sie am Abend Freundinnen traf oder Arbeiten auslieferte, gelangte hinter die Betonfassaden der Einkaufszentren, in die Glitzerwelt und die riesigen Kinosäle. Um Geld zu verdienen, tippte sie nachts und am Wochenende Manuskripte ab, in wechselnden Büros. Eine Lehrerin bot ihr Obdach. Betty lernte, sich selbst vor Entführern zu schützen. Die kriminellen Banden waren reicher geworden. Hatten sich die Eltern Wang noch vor kleinen Gaunern gefürchtet und vor Polizisten, die gern Chinesen schikanierten, so sahen es die neuen Banden auf Millionenbeträge ab. Sie planten ihre Übergriffe genau, beobachteten die Opfer, studierten Verwandtschaftsnetze bis in die Nebenarme, schlugen in Gruppen zu, verfügten über neue Lieferwagen und Scheinfirmen, ausländische Bankkonten, wo das Lösegeld sicher war.

»Du darfst Dir keine regelmäßigen Routen angewöhnen«, sagte die Lehrerin, bei der Betty untergekommen war. »Die Banden operieren genauso wie einst die Todesschwadronen des Diktators. Sie beobachten Dich wochenlang, um zu wissen, wo sie unauffällig vorfahren können mit ihrem Lieferwagen. Du musst sie also täglich verwirren, indem Du immer wieder andere Wege einschlägst vom Haus zum College, vom College zum Büro. In den Varianten des Heimwegs darf keine Regelmäßigkeit aufscheinen.«

Die Lehrerin sprach aus Erfahrung. Sie hatte eine Diktatur bekämpft, im städtischen Untergrund. Sie wird Flugschriften verfasst haben. Ob sie selber bewaffnet gewesen sei, hat Betty nie gefragt. Nach einem Volksaufstand musste der Diktator das Land verlassen, eine neue Regierung wurde gewählt, eine Präsidentin. Der Kalte Krieg ging dann bald zu Ende. Die Schwadronen blieben jedoch aktiv, im politischen Untergrund wurde auch die neue Präsidentin bekämpft. Aber Bettys Lehrerin hatte einen persönlichen, einseitigen Waffenstillstand verhängt, ihr Kollektiv verlassen, sie war aufgetaucht, um eine Stelle am College anzutreten. Den Namen, den sie vierzehn Jahre lang getragen hatte, legte sie ab. Es kam noch vor, dass sie nicht reagierte, wenn man sie bei ihrem Taufnamen rief, aber langsam gewöhnte sie sich daran, wieder Celia Magnayon de la Cruz zu heißen. Und sie schien es zu genießen, dass die junge Frau, die ihr zugelaufen war, Verwendung fand für einige der Tricks, die ihr jahrelang geholfen hatten, den Tod ein wenig hinauszuschieben.

Betty war oft sehr gut gelaunt, wenn sie Celias Haus verließ und kurz überlegte, ob sie zum Jeepney, einem Kleinbus, gehen sollte, der blühenden Bougainvillea entlang oder zum Stand der Motorradtaxis; vielleicht war ein langer Spaziergang angesagt. »Nicht immer nur dann schlendern, wenn das Wetter schön, aber nicht zu heiß ist«, sagte sie sich. Spazieren bei Regen war ebenfalls auffällig. Man könnte jemandem ins Auge springen, der sonst gar nicht bemerkt hätte, dass da eine junge Frau mit deutlich chinesischen Gesichtszügen durchs Quartier ging. Bei guter Laune waren solche Überlegungen aufregend, ihr neues Leben erschien ihr abenteuerlich. Und sobald sie in einem Jeepney Platz nahm, fühlte sie sich sicher.

Der Verkehr im Großraum Manila sei mündlich organisiert gewesen, heißt es in der »Vita«. Zahlreiche Fahrer hätten Sitzplätze in umgebauten, bunt bemalten Militärjeeps angeboten. Zwölf bis zwanzig Leute seien seitlich aufgereiht im langen Schiff des Gefährts gesessen. Draußen prangten religiöse Botschaften und Pin-Up-Girls, drinnen saß eine kleine Gemeinschaft, deren Regeln jeder verstand, der neu dazukam. Betty und Petra verwendeten die Jeepneys oft als Metapher. Genauso unverwüstlich, weil einfach, stellten sie sich die Regeln des Ordens vor. Du fragst, erhältst eine Antwort, reichst das

Geld durch, das Wechselgeld wird dir zurückgereicht. Alle sind Schaffner und Passagier in einem. Es braucht nichts Schriftliches, solange man reden kann und Leute ein- und aussteigen.

Als junge Frau mochte Betty nächtliche Fahrten, wenn eine schwache Glühbirne mit wackelndem Licht das Innere des Jeepneys erhellte und die Gesichter der müden Passagiere zu sehen waren, ihre geschlossenen Augen oder verschleierten Blicke. Sie lernte, sich so an einer Deckenstange festzuhalten, dass sie ihren Kopf in die Armbeuge legen und ein wenig schlafen konnte. Dann war sie aber nicht zur Stelle, wenn Geld für den Fahrpreis oder Wechselgeld durchgereicht wurde, von einem zum andern. Betty fühlte sich im nächtlichen Jeep an urzeitliche Kähne erinnert, an die malaiischen Seefahrer, die von Westen her weitere Inseln ansteuerten, jeder Kahn ein Dorf. Wochenlang fuhren sie von Java her übers Meer und besiedelten Insel um Insel, eng zusammengekauert in einem riesigen Hohlbaum waren sie in der Bucht von Manila angekommen, um hier heimisch zu werden. So schaukelte auch Betty durch die Stadt, als sei sie auf dem Weg zu ihrer Insel, die sie besiedeln würde, umgeben von fremden Leuten, die so eng saßen, dass sie sich gegenseitig stützten; unter diesen Passagieren konnte man nicht vom Sitz fallen. *»La pobre inocencia de la gente«*, sang Mercedes Sosa auf einer alten Musikkassette, die Celia manchmal einschob. Jede Schnulze, die ein Jeepneyfahrer laut scheppernd laufen ließ, schien Betty zu versprechen, dass dieses arme Volk unschuldig sei.

Aber an schlechten Tagen, wenn sie müde und mit Kopfschmerzen erwachte, hangelte sie sich kraftlos in den Jeep, verdammte die Lautsprecher, die plärrend ihre Schmerzen verstärkten. Manchmal war sie den Tränen nahe, wenn sie eineinhalb Stunden am Boulevard stand, unter lauter Leuten, die ebenfalls auf eine Gelegenheit warteten, nach Hause zu kommen, und verregnet wurden, weil es nichts nützte, unter dem Unterstand zu warten. Der war zu klein und kein Jeep fuhr bis zum Unterstand. Man musste sich auf die Fahrbahn hinauswagen, einem Jeep nachrennen und aufspringen, sonst war er voll und brauste an den nassen Leuten vorbei, die da unglücklich warteten. An solchen Tagen schien sich die Stadt gegen sie zu wenden. Dann klammerte sich Betty an ihrer Tasche fest, um nicht auch noch bestohlen zu werden. Es kam vor, dass sie auf die Wasserlachen nicht mehr achtete und knöcheltief in dreckiger Brühe stand. Das war auch nicht schlimmer als scheel angeblickt zu werden, weil ihr Tränen übers Gesicht liefen.

Aber selbst an solchen Tagen wurde sie froh, wenn an einer Kreuzung auf einer Plakatwand, haushoch über allen Wartenden das Gesicht von Jet Li zu sehen war. Von Hand gemalt, mit hellroten Backen und leuchtendem Blick thronten stets Filmstars über dem Verkehr. Übermenschlich. Sharon Cuneta. Fernando Po Junior. Und manchmal auch der Kämpfer aus Beijing, mit listigem und doch freundlichem Blick, die Hände zu einer Drachenkralle geformt.

Wenn ein neuer Kung-Fu-Streifen lief, musste Betty allein ins Kino. Ihre Freundinnen zogen Woody Allen vor, alles mit Jodie Foster oder Susan Sarandon. Sie verstanden nicht, was Betty daran fand, die ganz alten Filme von Jackie Chan, die sie vom Fernsehen kannte, auf Kassette zu suchen, im Wohnzimmer von Celia immer wieder anzuschauen. Sie seien doch kaum von einander zu unterscheiden: Immer läuft der dumme Junge von zu Hause fort, wird weggejagt, weil er zu blöd zum Leben ist. Und dann findet er seinen Meister – streng, stumm und gütig. Stundenlang sieht man den Jungen üben, bis er wirklich kämpfen kann und ein Einsehen hat, ein bisschen weise wird – gerade rechtzeitig, um den bösen Feind seines Meisters zu besiegen.

Betty liebte die eine Szene, die in keinem Film fehlen durfte: Der dumme Junge muss eine kleine Teetasse auf Stecken balancieren, dabei turnen, die Tasse von einem auf den andern Stecken springen lassen, bald jongliert er mehrere Tassen, bewegt sich immer schneller, aber nie gehetzt, schließlich scheint er zu tanzen. Nichts darf zu Boden fallen.

Einen Meister des Kampfsports fand Betty lange nicht, aber sie behauptete sich in der Stadt und sie bewunderte ihre neuen Tanten, die sie alle Tita nannte, die vielen Freundinnen von Celia, Frauen über vierzig, die ihr Vater als verrückt bezeichnet hätte, denn sie trugen ab und zu ein buntes Stirnband und Glitzerschmuck, färbten graue Haare nicht schwarz, vertraten stur ihre Meinung, tanzten noch immer auf Partys, ab und zu tranken sie recht viel.

Tita Rosa legte allen die Karten. Zahlen, Junker und Königinnen verbanden sich mit Waldgöttern, verwehten Feen, Spielern und Guerilleras zu einem Netz, das die ganze Welt umspannte, sich ständig bewegte, keine Verbindung war fest geknüpft, stets musste ein neuer Ausweg gesucht werden aus der Nacht der Seelen. Rosa blickte in der Regel mit verschlossenem Gesicht auf ihre Karten und bat die Besucherinnen, den Eingang selbst zu wählen. Sah sie die Zukunft klar, versteifte sich ihr Rücken und sie sprach mit einer tieferen Stimme, in kurzen Sätzen.

Man musste ihr nicht glauben. Tita Marilyn lehnte alles ab, was an Vorsehung und Weihrauch erinnerte. Wenn sie schon etwas getrunken hatte, erzählte sie von ihrem Buch, das alles enthielt, was zur Zeit des Diktators geschehen war, was aber niemand zu sagen wagte, weil es wenig heldenhaft war. Sie nannte es Autobiographie und schickte die Kapitel, die sie fertig geschrieben hatte, an eine Freundin in Übersee, verlor ständig ihre Kopien, Festplatten gingen kaputt, Disketten verloren. Dann schickte ihr die Freundin aus Übersee die alten Kapitel zurück. Sie waren stets kürzer und farbloser, als Tita Marilyn gehofft hatte. So war es ihr egal, wenn sie nochmals verloren gingen. Das Buch, das sie schreiben wollte, bestand weiter als Ahnung. Neue Seiten, die entstanden – alle paar Monate – gingen per Luftpost ab. Im Kreis der Freundinnen erzählte sie davon. Betty hatte nie etwas zu lesen gekriegt.

Wie die anderen jungen Frauen, die sich um die älteren scharten, erhielt sie bezahlte Aufträge von Tita Gloria. Mit Tonbandgeräten streiften sie durch die Armenviertel der Stadt, sammelten Aussagen, schrieben Berichte, Tita Gloria reiste zu Konferenzen der Vereinten Nationen und trug ihre Schlüsse daraus vor. Machte Vorschläge. Manchmal versammelten sich alle Tanten vor dem Regierungsgebäude und demonstrierten gegen eine Preiserhöhung, gegen Armut, Atomwaffen, Imperialismus, Vergewaltigung und Bordelle. Junge Frauen trugen dann die Transparente.

Betty stellte sich vor, dass sie Jet Li als Onkel neben sich hatte, wenn sie an Soldaten vorbeigingen, die ihre Maschinenpistolen in Anschlag hielten. Sie blickte in die dunklen Visiere und brüllte weiter Parolen, wurde heiser dabei und träumte von einer ruhigen kleinen Wiese vor Hongkong, von einem letzten Kampf, der ganz geordnet stattfand, in chinesischen Gewändern mit weit geschnittenen Ärmeln. Nach dem verdienten Sieg könnte sie langsam über die Wiese gehen, eine Strähne aus dem Gesicht streichen und im Wald verschwinden.

Im Schatten der Bäume würde sie auch Ruhe finden vom ständigen Aufruhr der Liebschaften. Und vom Heimweh. War sie nachts einmal allein im Haus von

Tita Celia, sah sie den kleinen Hausaltar vor sich, den die Mutter täglich pflegte. Die ausbleichenden Fotos der Großeltern. Früchte, die ihnen dargeboten wurden. Räucherstäbchen und eine kleine Statue der heiligen Jungfrau Maria. Manchmal weinte Betty, bis ihr die Augen brannten. Vor jenem Altar hatte sie sich früher abgeschirmt gegen den Lärm der Straße und die Hektik des Fernsehprogramms, auch gegen die Stimmen der Geschwister. Wenn sie sich im Anblick der weißgrauen Fotografien verlor, reagierte sie auf gar nichts mehr, was an sie herangeredet wurde.

Eines Nachts, als sie im Haus von Tita Celia zu weinen aufgehört hatte, rief sie ihre Mutter an. Die flüsterte in den Apparat. Fortan trafen sie sich heimlich in einem Einkaufszentrum, um Nachrichten auszutauschen.

Am Sonntagmorgen stand Betty besonders früh auf und ging ziellos spazieren. Es erhob sich kein Verkehr. Selbst die Boulevards blieben seltsam leer. Man sah fast nur Menschen, die zu Fuß gingen. Vögel waren zu hören und die Dunstglocke, die sich an Wochentagen über alles legte, lichtete sich gegen Mittag. Es kam vor, dass am Sonntag ein Stück blauer Himmel zu sehen war. Aus den offenen Kirchen waren Lieder zu hören. Kinderchöre und einsame Priesterstimmen, Hallelujatruppen, klassische Motetten. Alles verband sich auf den Straßen, angenehm ausgedünnt und leise verhallend, mit den Vogelstimmen. Betty hielt es mit Tita Rosa, die sich als Heidenkind bezeichnete, wenn sie die Karten legte. Den großen Religionen stand sie nicht feindselig, aber vorsichtig distanziert gegenüber. Sie sei ab und zu in eine Kirche getreten, habe vom Rand her zugehört, was da gemurmelt, gepredigt oder gesungen wurde, habe hin und wieder ein Gebet gesprochen und sei dann weitergegangen. Am Sonntagmorgen ging Betty von einem Quartier ins andere, sah überall kleine Altäre und zollte ihnen, ohne sich etwas anmerken zu lassen, ihren Respekt. Auf dem Armaturenbrett jedes Jeepneys, der leer herumstand, fand sich eine kleine Statue aus fluoreszierendem Material; wohlriechende, blühende Rosenkränze baumelten über den Auslagen der Straßenverkäufer, daneben verschwammen die dunkel tränenden Augen von Saint Francis. So verlor sie sich in den Straßen und war nicht erreichbar für Zoten, die ihr nachgerufen wurden. Tita Celia kritisierte sie scharf. Man dürfe nicht leichtsinnig werden. Dieser Stadt sei nicht zu trauen, dem frommen Gesäusel schon gar nicht.

Es standen Prüfungen an. Betty zog sich in ihr Zimmer zurück und lernte. Ihre Freundin kam nicht mehr vorbei, weil sich Betty stets neu verliebte, aber schnell eifersüchtig wurde, wenn das der Freundin auch geschah. Bettys Stadt war nach innen gewachsen, in die Häuser hinein, die Studentenheime auf dem weiten grünen Campus der Staatsuniversität, in verschachtelte Häuser im Hinterhof einer Bäckerei. Betty lernte, in einem Zimmer, in dem fünf Leute schliefen, einen Orgasmus zu genießen, von dem niemand, der nicht beteiligt war, etwas mitbekam. Sie nannte das Implosion. Im Innersten der Stadt zerfiel sie im Glück, fand sich in einem dunklen Himmel wieder, in einer unbekannten Stille. Die suchte sie auch in Stundenhotels, die reichere Freundinnen zahlten, sah sich nackt im Spiegel, der über dem Bett an der Zimmerdecke angebracht war; oder in einer Villa am Stadtrand und in einem Raum, den eine Prinzessin eingerichtet hatte. Ein sanftes Paradies in Rosa und Hellblau, mitten in einem wuchernden Quartier aus ärmlichen Hütten.

Die »Vita« behauptet, dass Betty in jener Zeit auf eine Entscheidung zusteuerte, einen Ausbruch. Sie soll begonnen haben, an den Ratschlägen der Titas zu zweifeln und offen mit ihnen zu streiten. Die Kritik an ihrem Lebenswandel nagte an ihr; vor den Prüfungen hatte sie

Angst, das Geld war knapp, es regnete in Strömen. Nur Jet Li schien unverwüstlich über allem zu thronen. Er sprang nicht nur, er flog durch die Nacht über dem Boulevard und den Passagieren, die nass gespritzt wurden, während sie auf eine Fahrgelegenheit warteten.

Manchmal fuhr Betty eine Freundin unwirsch an, die nach ihrem Befinden fragte. Von einer Party lief sie weg, ohne irgendjemandem gesagt zu haben, dass sie plötzlich nichts mehr hörte. Als seien ihre Ohren dicht. Nachts schlief sie schlecht. Sie träumte von bleiernen Jeeps, die im Meer versanken. Still ergaben sich die Passagiere dem Wasser. Betty erwachte schreiend. Aber es sei ihr gelungen, den Atem zu beruhigen. Betty habe auch Worte gefunden, um murmelnd Mut zu schöpfen. Eine Ahnung von etwas Größerem habe sich eingestellt und breit gemacht. Eine neue Rührung. Eines Tages sei sie zu Tita Celia ins Wohnzimmer getreten und habe verkündet, von nun an wolle sie sich dem Ernst des Lebens stellen. Noch in derselben Woche zog sie in ein Personalzimmer des größten städtischen Krankenhauses. Es wurde schwierig, den Kontakt zu Freundinnen zu halten, die in anderen Quartieren wohnten. Aus den Volksmassen, die Tita Gloria in ihren Berichten an die Vereinten Nationen beschworen hatte, wurden nackte Arme mit Brandwunden, geschwollene Bäuche, blasse verängstigte Gesichter, Familien, die im Halbrund um die Betten standen oder den Flur blockierten, weil sich auch dort Bett an Bett reihte. Betty sah viele Leichen. Amputierte Füße. Röntgenbilder und blutige, da neugeborene Babys. Sie schätzte ihre Uniform, die grünliche Hose und das weit geschnittene Oberteil. Dass die Farbe bald ausbleichte, verstärkte die Wirkung: Jeder, der Betty sah, wusste sofort, dass sie hierher gehörte, sich auskannte und immer dann lächelte, wenn es nötig war. Es galt, jede kleine Zehe zu verstehen, jede Verfärbung der

Haut genau zu studieren, die Zutaten sämtlicher Medikamente auswendig zu wissen und die Kürzel auf dem Monitor des Tomographen, der heiß lief im Keller und gekühlt werden musste, damit er nicht verrückt spielte.

Im Wechsel von Station zu Station vergingen die Jahre. Als Betty die dreißig überschritten hatte, suchte sie eine neue Freundin, wie schon so oft, aber diesmal fand sie einen Meister. Auch er war Krankenpfleger. Jeden Morgen trainierte er und hatte bald Schüler. Betty war seine einzige Schülerin. In den Bewegungen, die sie von ihm lernte, kam ihr Körper in einen neuen Zusammenhang. Alles verband sich immer besser und manchmal, in besonders guten Momenten, schienen ihre Arme und Beine mit den kleinen Jungen auf der Straße ihrer Kindheit verwandt und dem Basketball; der Wind spielte in die Routinen hinein, wenn er übers Dach des Spitals wehte und ans Ufer der Bucht von Manila, wo sie auf einem leeren Parkplatz trainierten. Die Beine schnellten hoch und schwer fuhr eine Faust aus. Betty stellte fest, dass sie gefährlich werden konnte.

Aber der Meister spornte sie nicht nur an, er beruhigte sie auch. Wenn sie krank war und Fieber hatte, kam er in ihr Personalzimmer und trocknete mit einem weißen Frotteetuch ihre Haut ab, den Rücken, den Nacken, die Arme und die Rinne zwischen den Brüsten. Er schien sie nicht anzublicken dabei. Trotzdem fühlte sie sich nicht wie eine Patientin im Spital. Etwas Mütterliches brachte er ihr entgegen, eine ständige Sorge um die richtige Temperatur ihres Körpers, egal ob ein Fieber wütete oder nicht. Auch im Training war darauf zu achten, dass der Schweiß nicht offen floss, dass kein Windhauch in die Tropfen fuhr, Wasser durfte nicht auf der Haut trocknen, die Abkühlung nach einem Kampf musste langsam vonstatten gehen. Des Teufels war kaltes Wasser auf einem heißen Körper, eine plötzliche Dusche konnte Krämpfe und Schockzustände hervorrufen. Das widersprach den Lehrbüchern nicht, die Betty studiert hatte, aber es kam darin auch nicht vor. Die mütterlich-meisterliche Lehre der Wechsel, des sanften Übergangs und der Schirmung im richtigen Moment breitete sich außerhalb der Arbeitszeit in ihrem Leben aus, sie wirkte immer dann, wenn Betty frühmorgens einen stillen Winkel aufsuchte, um zu turnen. Auch in Europa, als sie dem Orden beigetreten war, trug sie ein weißes Frotteetuch über die rechte Schulter geschlenzt, wenn Sommer war und manche Bewegung zu einem Schweißausbruch führte. Petra sagte einmal, dass sich Betty Wang überall auf der Welt zu Hause fühlen werde, wo sie genug Zeit finde, sich nach einer Anstrengung langsam abzukühlen.

Vom Meister wurde erzählt, er sei lange in Nordamerika gewesen, als einziger philippinischer Schüler von Bruce Lee. Andere sagten: als Masseur von Bruce Lee. Wahrer Erbe des Filmstars war er für alle. In der Gegend ums Spital würde die Kampfkunst zu neuer Blüte gelangen, wenn der Meister endlich eine richtige Schule gründen und die Uniform des Krankenpflegers an den Nagel hängen könnte. In dieser Hoffnung lebte auch Betty, bis sie wieder begann, in die Stadt auszuschweifen, alte Freundinnen und Titas zu besuchen, nach kurzen Gesprächen verstimmt zu verschwinden und sich treiben zu lassen, in Jeepneys zu steigen, von denen sie nicht wusste, wohin sie fuhren. Sie entdeckte Kampfsportschulen in mehreren Stadtteilen, erfuhr von einem zweiten einzigen philippinischen Schüler von Bruce Lee und wollte sich nicht ausdenken, wie viele es noch gab auf dem Archipel, den siebentausend Inseln voller Leute, die darauf hofften, dass hier endlich etwas ganz Großes aufblühte.

Betty verlor sich an ihren freien Tagen in der Stadt, weil ihr Vater gestorben war. Eines Tages hatte die Mutter angerufen. Die Nachricht wirkte erbarmungslos. Blieb Betty allein in ihrem Zimmer, stürzten hundert fratzenhafte Gesichter des Toten auf sie ein. Stumm schrien sie und trieben Betty aus dem Haus. An der Beerdigung nahm sie teil, als sei sie eine Fremde. Die Geschwister schienen sie nicht herzen zu wollen. Einen klaren Gedanken konnte sie nicht mehr fassen. Da war nur der Wille auszufahren. Wo sie auch hinkam, war alles falsch. Was die Titas sagten, die Freundinnen empfahlen, die Mutter anmahnte, klang schrill und daneben, ein wiederholter Affront, und dem Meister wagte sie nicht mehr ins Gesicht zu blicken, seit sie an seiner Geschichte zweifelte. Ihn zu fragen, wie es denn wirklich gewesen sei mit Bruce Lee, hätte ihr das Herz gebrochen.

Als sie mehrmals die Morgenübungen verschlafen und bei der Arbeit zwei Medikamente verwechselt hatte, steigerte sich ihre Unruhe zu Panik. Ihr Leben drohte in Scherben zu gehen, sie wäre am liebsten in eine Wand gerannt und wollte bellen, wenn ein Patient vor ihr lag und leise winselte. Alles Mitgefühl war dahin. So schnell wie möglich musste sie aus dem Spital, der Stadt, dem Archipel verschwinden. Als ihr ein Inserat am Anschlagbrett ins Auge sprang, glaubte sie sich von höherer Stelle erhört: »Hongkong« stand da, »Privatklinik«, »Hokkien-Chinesisch erwünscht«, das war genau auf sie zugeschnitten. Sie würde mit Jacky Chan ihren Kinderdialekt sprechen und modernste Maschinen bedienen. Die Stelle war sofort anzutreten.

6.

Den Anflug übers Meer genoss Betty als Versprechen. Vom Flugzeug aus waren Berge und Wälder zu sehen. Die Vorstellung von der kleinen Wiese, die sie sich vor dem Fernseher in Tita Celias Wohnung gemacht hatte, war offenbar falsch. Dass in den frühen Filmen von Jacky Chan immer dieselbe kleine Lichtung zu sehen war, hieß nicht, dass es in Hongkong keine anderen Wiesen gab. Nur die schmalen Küstenstreifen der Inseln und der Halbinsel waren von Hochhäusern vollgestellt, nahtlos ragten dahinter steile Berghänge auf, der Buschwald schien drauf und dran, die Häuser einzunehmen. Da musste es tausend kleine Wiesen geben, um zu kämpfen, ein Sandwich zu essen oder Morgenübungen zu machen. Hongkong wuchs nicht in die Breite, wie Manila, sondern in die Höhe und in den Untergrund. Mit der U-Bahn fuhr man vom Flughafen direkt unter das Haus, wo sie wohnen würde. Aber schon am Tag der Ankunft schrumpfte die Stadt auf einige Quadratmeter zusammen. Betty fand sich in einem Zimmer wieder, das keine Fenster hatte. Das Wort »Privatklinik« entpuppte sich als Täuschung, ihr Arbeitsplatz war nichts als privat.

Betty wohnte auf einem Sofa, das sie nachts vor die Klotür schob, um sofort aufzuwachen, wenn ihr Patient Wasser lassen wollte. Seine ebenfalls schon ältere Tochter fürchtete sich vor einem Schenkelhalsbruch. Deshalb lag Betty nachts im Halbschlaf da und hörte der Klimaanlage zu, ihr Vibrieren schien sich am Brummen des Kühlschranks aufzureizen. Das Zimmer war mit weiteren Apparaten bestückt: einem Dampfabzug über der Kochnische, einer Mikrowelle; lief die Waschmaschine, befeuchtete sie Schränke, den Spiegel, Geschirr und

Ablagen. Betty sah manchmal nichts mehr, wenn ihr ein Essen anbrannte und die Wäsche in ihrem Rücken trocknete. Innerlich ratternd lag sie nachts wach und fand keinen Ausgang, ihre Gedanken steckten in dem Inserat fest, im Flugzeug, dem kühlen Abschied von der Mutter. Es gab kein Zurück zu den Freundinnen, die ihr nicht glauben würden, dass sie das Inserat nicht überprüft, keine Erkundigungen eingeholt hatte; im Alter von 42 Jahren war sie übers Ohr gehauen worden wie ein Trottel vom Land. Sie sackte ab in den Gerüchen, die vom Klo ins Allzweckzimmer drangen. Es dauerte Tage, bis sie ans Fenster kam.

Im vorderen Zimmer saß Herr Tan stundenlang stumm auf seinem Bett; er schob sich einige Kissen zurecht, damit ihm wohl war. Und er schaute hinaus. Zwischen Bett und Fenster war wenig Abstand, also stürzte die Stadt durch das wandgroße Glas direkt auf ihn ein und bald auch auf Betty, die sich neben ihn setzte. Die Häuser schienen aus Hochstraßen und Schluchten aufzusteigen. Wurde es abends langsam dunkel, standen sie als schwarze Streifen vor dem Himmel. Ein Anflug von Abendrot flackerte hinter ihnen, aber nur kurz, dann war nur noch Kunstlicht zu sehen. Aus dem Schwarz der Schluchten schossen Lichter auf, Punkte in vielen Farben wanderten den Kanten entlang, ein stundenlanges Blinken hob an – die Krönung jeder Weihnachtsbeleuchtung, dachte Betty, die sich in Manila nicht hatte satt sehen können an Rudy, dem rotnasigen Rentier, an Santa und allen Ochsen, die zu Weihnachten über den ärmsten Quartieren der Stadt prangten, und Musik machten, einen Monat lang dieselbe Melodie in Endlosschlaufe. Kaum wurde es Nacht, war nichts mehr zu sehen gewesen vom Schlammpfad, von lecken Dächern, eingebrochener Wand oder trübem Kanal. Alles verschwand in Schwärze, wenn leuchtend weiß quiekendes Getier und

Engel erschienen. Auf Menschenhöhe. Nach Sonnenuntergang war nur noch wahr, was hell erstrahlte.

In Hongkong begannen sich jeden Abend die Häuser zu verschieben, in Lichterreihen aufzulösen, neu zu erscheinen, zu springen. Herr Tan fragte dann:

»Wo sind wir?«

»Zu Hause«, sagte Betty.

Er nickte zweifelnd und fragte stets nochmal nach.

»Zu Hause«, wiederholte Betty in ihrem Kinderchinesisch, Hokkien, Dialekt der Provinz Fujian, der Seeräuber, der Händler und der Armen, die sich im Süden eine Insel gesucht hatten um zu überleben, vielleicht sogar reich zu werden. Herr Tan sollte sich an sein Dorf auf dem Festland erinnern, wenn er den alten Dialekt hörte, den seine eigene Tochter weder sprach noch verstand. Mit mütterlicher Stimme musste ihm versichert werden, dass dieses Bett sein Bett war. Aber Betty fühlte sich hinter der schall- und luftdichten Fensterwand selber entrückt, sie hätte gern gesagt: »Wir schauen direkt ins All, Herr Tan, da fliegen Häuser senkrecht ab wie Raketen, andere fallen uns entgegen, die kleinen Lichter auf der Hochstraße sind Kampfmücken, bald fliegen wir mit.«

Auf digitalem Weg war Betty mit Manila verbunden. Sie wagte eine erste Botschaft an Tita Rosa, die ihr früher die Karten gelesen hatte. Das Wort »Privatklinik« behielt sie bei, aber sie schrieb von einer »langen Nacht der Seele«. Das genügte, um eine kleine Welle von guten Wünschen auszulösen. Rosa behielt Nachrichten nicht für sich. Musik wurde geschickt, hübsche Bilder von Jet Li, die Namen hilfreicher Leute wurden empfohlen und Telefonnummern. Der Tantenhimmel reichte über das kleine Meer zwischen den Inseln und China hinweg und vielleicht reichte er noch viel weiter. Im Feldlager der Hausangestellten, das sich jeden Sonntag im Zentrum der Stadt entfaltete, suchte Betty bald die Freundin einer Freundin einer Freundin auf. Sie erfuhr, dass gegen die Täuschung nicht viel zu machen sei, wenn sie in der Stadt bleiben, vielleicht sogar vorankommen wolle. Hongkong sei ein Sprungbrett, das dürfe sie nicht vergessen. Auch Falltüren gebe es zu beachten, Seilstricke, aber mit ihrer Ausbildung und Erfahrung werde sie bestimmt bald weiterreisen. Ihr Lohn sei überdurchschnittlich, auch für hiesige Verhältnisse exzellent, sagten ihr alle, mit denen sie Zahlen verglich. Sie würde sparen können. Wofür, wusste sie noch nicht.

Richtig gute Tage waren selten, es gab sie nur sonntags. Die meisten Hausangestellten strömten dann zur Stadtmitte. Wenn Betty einigermaßen gut aufgestanden war, ließ sie sich planlos in der Menge treiben und war nicht überrascht, wenn ihr plötzlich ein kleiner, handgeschriebener Zettel gereicht wurde. Eine Menukarte mit drei Gerichten zur Auswahl. Klandestin wurde serviert, was sie flüsternd bestellt hatte. Die Aufpasser der Stadtverwaltung durften nicht mitbekommen, was hier im Nebenerwerb verkauft wurde – in Koffern und Taschen warmgehaltenes Essen, gereicht in kleinen Tupperwares. Wer in einer überfüllten Unterführung massiert wurde, bezahlte nicht direkt. Verstohlen wurden Geldnoten zugesteckt. Betty ging zu Nanay Del, wenn ihr Rücken schmerzte und nach schlaflosen Nächten die Gelenke pochten. Nanay Del war ein neuer Stern am Tantenhimmel. Sie saß leicht erhöht über den sitzenden und liegenden Frauen. Ein kleiner Plastikhocker zeichnete sie aus, von hier aus hatte sie einen Überblick über die Stadt gewonnen. Die Straßenverkäufer holten sie, um im Flüchtlingsheim der Afghanen den lahmen Arm einer Frau zu behandeln. Sie erzählte von der alten Weißen, die in jeden Krieg gezogen war, um davon zu berichten, und Del kommen ließ, wenn ihr der Schreck noch in den Knochen hockte. Del schien alle zu kennen, die sich am Sonntag im Zentrum einfanden und von Abu Dhabi oder London sprachen, wo sie versagt hatten. Tänzerinnen, die nicht müde werden durften. Gläubige. Prinzessinnen. In engen Leggins getarnte Soldatinnen einer Kirche oder Partei. Mütter über Mütter, die Kinder weit weg. Mit einem kräftigen Druck der Schenkel fixierte sie Frauen, die sich auf der Kartonmatte vor sie hinsetzten, um massiert zu werden.

In der »Vita of Betty Wang« steht Nanay Del in einer Reihe mit dem Schüler von Bruce Lee, sie ist Tante und Meister in einem. Auf die Temperaturen des Körpers gab sie besonders acht. Betty presste sie jeden Schmerz aus dem Rücken und verschaffte ihr das Gefühl, hellwach den mangelnden Schlaf nachgeholt zu haben. Eine Ahnung von Verbindung kam zurück und von Übungen am frühen Morgen. Gegen Ende der Behandlung ließ Del ihre Hände ruhig über Bettys Arme gleiten. Sie fuhr mit allen Fingern unter ihr Haar, das damals noch lang über die Schultern fiel. Ein heilsames Streicheln war das, dachte Betty, und ließ es sich gefallen. Sie vermisste Hände, die ihr unter die Bluse fuhren, sehnte sich ungestüm nach einem Moment im Dunkeln, in dem ihr alles wieder zufiel, was im fensterlosen Zimmer abhanden gekommen war. Auch Hongkong musste sich in kleine Zimmer auflösen lassen, Betty wollte hier implodieren. Und tatsächlich lächelten junge Frauen, wenn sie planlos umherstrich, schoben ihr einen privaten Zettel zu, wenn sie geheimes Essen servierten, oder sie kamen ihr strahlend entgegen und reichten ein Pamphlet. Betty ließ sich digital kontaktieren und fand sich ein, wenn eine Verabredung zustande kam. Aber dann gab's nur verzweifelte Umarmungen, große Beichten, ihre starke Schulter war gefragt, ein mütterlicher Rat. Verweinte Gesichter verschlossen sich, wenn Betty stotternd sagte, was ihr die Brust zu sprengen drohte. Sie hörte von tausend Liebschaften und Dramen, blieb aber ausgesperrt, sprach freundlich Mut zu und sehnte sich doch nach feuchten Schenkeln, hörte ihr Herz viel zu laut schlagen. Ein ums andere Mal hoffte sie peinlich vergebens, sie begann ihre eigene Sehnsucht zu hassen. Es blieb immer nur das Sofa vor dem Klo, das Schnarchen des Patienten, ein stummer einsamer Orgasmus, der nach der ersten Schwingung abbrach; und wenn sie beten wollte, begann sie haltlos zu weinen. Die Kartonböden sogen sich mit kaltem Regenwasser voll, als der Winter über Hongkong hereinbrach. Auch der Sonntag war nun kein guter Tag mehr.

Die »Vita« zählt weitere Prüfungen auf: Dreckluft aus dem Norden der Stadt. Beschimpfungen und böse Gerüchte. Ein Husten brachte Betty fast zum Ersticken. Ein Fieber ging auf Herrn Tan über und ließ ihn nachts halluzinieren. Schweißgebadet kam Betty zur Überzeugung, dass in Honkong alles hochgeschraubt war, selbst die Luft barst vor Energie, besonders der Feinstaub, wenn er in der Lunge explodierte.

Ein rettender Meister blieb aus, Nanay Del blieb machtlos gegen die Schwere, die sich in Betty ausbreitete. Die Nächte waren traumlos, Musik aus Geräten nur leeres Geplärr, der Tantenhimmel verstummte. Es blieb die Erinnerung an eine kleine grüne Wiese vor Hongkong. Betty beschloss, sie zu finden.

An einem klaren Sonntagmorgen begrüßte sie die Tochter von Herrn Tan, übergab den Patienten und ging langsam zum Aufzug. Mit der Bahn fuhr sie zum Stadtrand, folgte dort einem Wegweiser und den grell gekleideten Wanderern. Es dauerte nur eine Viertelstunde, bis sie den Wald betrat, feuchtes Moos roch und leichter ging. Ein Steilhang ließ sie erstmals außer Atem kommen. Schon stand sie vor einem kleinen Altar, mitten im Gebüsch. Frische Früchte waren hier dargebracht worden. Ein kleiner Buddha hielt seinen Bauch. Neben ihm stand Maria, dachte Betty, aber das konnte nicht sein. Das war kein Familienaltar in Manila, hier führte nicht ihre Mutter Regie. Aber Betty war es egal, ob unbefleckte Jungfrau Mutter Gottes oder kinderspendende Guanyin, Bodhisattva der Barmherzigkeit. Ihr wurde leicht ums Herz, als sie die blumenbekränzte Statue sah, da hatte ihr jemand einen Glücksbringer in den Weg geworfen. Sie murmelte einige Sätze, die ihr früher schon einmal Ruhe verschafft hatten. Und dann trat sie über den Wald und wurde fast fortgeblasen vom Wind, der vom Meer hochkam. Sie schien über der Stadt zu verwehen. Weit unten standen die Hochhäuser, jedes ein kleiner Stecken, schön senkrecht in den Boden versenkt. Hongkong wuchs in die Höhe und die Berge wuchsen über die Stadt hinaus. Sie thronten über der Bucht und ließen alles, was da unten war, als kleine Vorstufen erscheinen.

Über dem Wald wuchs Gras, aber keine Wiese. Betty fand sich in einer wild verwehten Steppe, die von Sattel zu Sattel reichte. Sie ging schnell, fliegend, als sei sie ein Kampfmönch gespielt von Jet Li, ein einsamer Kämpfer, der sich vor seinen Feinden in die Berge zurückzieht. Sich sammelt. Den richtigen Moment abwartet, um zurückzuschlagen.

Betty sei mehrmals aus der Stadt geflohen, schreibt Petra in der »Vita«. Sie habe diverse Berge bestiegen, hinter der Stadt und auf den vorgelagerten Inseln. Und mit jedem Berg sei sie mönchischer geworden. Das fensterlose Zimmer wurde zur Zelle. Betty begann Dinge zu verschenken, die im Weg waren. Sie wollte alles weglassen, was nicht zur Zukunft gehörte. Sehnsucht sollte ihr fremd werden. Wenn sie aufbräche, würde ihr ganzer Besitz in einem Schnappsack Platz haben.

Die Angst, in ihrem Zimmer allein zu ersticken, wurde leiser, dünner, langsam verzog sie sich. Betty erinnerte sich an den Schüler von Bruce Lee und ließ die

Arme schwer werden. »Alles Blei«, hörte sie ihn sagen, aus einer anderen Welt. Einsam schien er aus Amerika zu sprechen. »Alles Blei«, wiederholte er, und aus den Füßen stieg die Wut auf, die ihn antrieb, schwere Arme zu stemmen. Betty hob ihre Hände und schaute in die offenen Handflächen. »Das sind Spiegel«, hatte der Meister in Manila gesagt. »Schau Dir Deine Fratze an.« Das tat sie, drehte die Hände dann nach außen, die Mittelfinger als stehende Achsen, schnaubend und beidhändig schlug sie zu. Ein unsichtbarer Feind kriegte ihre ganze Wut ab und die Fratze und das Schnauben des Meisters, das sie angenommen hatte.

Weil im Zimmer kein Platz für Schritte war, übte sie stehend. Auf zwei Beinen, dann auf einem Bein. Je schwerer die Arme wurden, desto schneller schnellten sie nach vorn.

Auch die langen Haare wurden ihr zu viel. Aber sie schnitt sie nicht vollständig ab. Es durfte keine Kopfhaut durchscheinen. Blass gekleidete Nonnen hatten sie auf der Straße erschreckt. Das Grau ihrer Gewänder war mit dem Grau der Haut verflossen – ob Chinesinnen oder Weiße, sie waren alle bleich und kahl. Betty wollte sich selbst über den Plüschkopf fahren können. Ihr schwarzer Pelz musste dicht und samtig bleiben. Und weil sie nur noch wenige Kleider hatte, um sich auf der Straße auszuzeichnen, ließ sie sich eine einzelne lange Strähne grellblau färben.

»Man musste sich abheben von den Jogginghosen der Kindermädchen«, hat sie mir selbst erzählt. Als geschlechtsloses Hilfswesen durchs Viertel zu huschen, sei auf Dauer Selbstmord. Man werde bald nicht mehr gesehen und dann mit voller Härte getroffen, wenn – wie aus dem Nichts – ein böses Wort auf einen niedergeht. Deshalb trug sie eine schwarze Hose mit Buntfalte, eine blaue Seidenbluse, wenn nötig einen Regenmantel. Betty markierte die burschikose Chinesin und solange sie den Mund nicht aufmachte, wurde sie als solche erkannt.

Zurück im Feldlager konnte sie von Bergen berichten. In der Unterführung sprach auch Nanay Del von einem Ausflug auf die Insel Lantao. In ihrem zehnten Jahr in Hongkong sei sie da hingefahren. Vor langer Zeit. Dem Riesenbuddha, der dort auf dem Berg thront, sei sie zu Füßen gestanden und von einem Gefühl erfasst worden, das sie nicht kannte, enthoben und mitgenommen sei sie mit einem Mal gewesen, beschenkt. Tagelang habe sie kein Wort gesprochen, als sie von Lantao in ihren Haushalt zurückkehrte. Die Kinder, für die sie zuständig war, mussten damit leben, dass ihre Del eine Weile nur noch Handzeichen gab. Dann habe sie die Sprache wiedergefunden und neu auch die Kraft, mit den Händen zu heilen.

Betty hörte sich die Geschichte an, während Del einer jungen Frau die Schultern massierte. Die hatte ihre Augen geschlossen und schien im Meer der Frauen zu versinken, das sich in die Unterführung ergoss aus den Straßen, die sich in südliche Regionen verwandelt hatten – Luzon, Visayas, Mindanao setzten sich zwischen HSBC und Connaught Road neu zusammen, Tänzerinnen aus den Kordilleren Luzons stampften im Kreis, lachten sich zu und sangen von den Rivers of Babylon. Hoch über allem wurde anglikanisch gebetet, katholisch noch weiter oben, senkrecht fielen die Straßen von den Kirchen zum Meer ab, in engen Abschrankungen pressten sich die Gläubigen hoch und nieder, ein heftiger Verkehr brauste an ihnen vorbei. Die junge Frau schien davon so erschöpft, dass sie mit geschlossenen Augen komatös zwischen Dels Schenkeln hing, ein bisschen weniger Druck und sie wäre hingefallen. Das brachte Nanay Del nicht aus der Ruhe. Sie erzählte vom haushohen Gott auf Lantao, der über allen Regionen throne, den Vogelflug mit Rückenschmerzen und lateinischer Oratio verbinde. Seit jenem Ausflug vor vielen Jahren sehe sie Zusammenhänge, sagte sie, und ungefragt sprach sie von Bettys Vater, der im Unfrieden gestorben war. Bettys Schuld sei das, eindeutig, sie hätte sich rechtzeitig versöhnen müssen. Drum sei sie hier dem alten Herrn Tan zugefallen, um Abbitte zu leisten.

Betty wagte nicht zu widersprechen, aber sie erhob sich, strich ihre schwarze Anzughose glatt, nickte höflich, aber stumm, und entfernte sich rasch. Sie sehnte sich nach einem Berg, auf dem sie allein war. Von Vorsehung und Vätern wollte sie nichts wissen.

Inzwischen geht im Orden die Idee um, Betty sei in Hongkong nicht zufällig auf Petra gestoßen. Ihr ganzes Leben sei auf jene Begegnung und die Klostergründung zugelaufen. Besonders von den Neuen wird die erste Medica sehr verehrt. Über Gebühr, wie sie selbst betont. An Schicksalskräfte glaubt sie nicht. Wer sich den Zufall nicht denken könne, werde dem Atommüll nicht Herr. Die schlimmsten Unfälle zeichnen sich nie vorgängig ab, sie entwickeln sich aus unvorstellbaren Naturkatastrophen oder aus alltäglichen kleinen Störungen, die man lange nicht beachtet. In einer der ersten Lektionen, die nach dem Eintritt der Neuen abgehalten wurden – als große Wiederholung – hat Betty von »freak incidents« gesprochen. Damit sei zu rechnen. Ein wirkliches Ereignis komme überraschend, quer hinein, unerwartet wirkt ein Erdbeben mit heftigster Schneeschmelze zusammen, schon fließt Wasser, wo es nicht sollte. Der Größenwahn eines Ingenieurs ist da noch gar nicht bedacht. Gegen diese Freaks unter den Wirkungen ist eine feste Zeit zu bauen. Ein Bollwerk gegen die Angst. Schöne Routinen. In der Ruhe, die sie schaffen, bleibe der Geist beweglich, sagte uns Betty. Er nehme dann besonders gut wahr und könne alles denken.

Auch vom »prozeduralen Gedächtnis« sprach sie in der großen Runde. Von Automatismen. Und so hörte ich die Geschichte von Herrn Tan, noch bevor Petra die »Vita« geschrieben hatte. Betty sprach von dementen Menschen, die Namen vergessen, immer mehr Orte und Ereignisse durcheinanderbringen, bald von Unbekannten umgeben sind. Herr Tan erkannte manchmal seine eigene Tochter nicht mehr, wenn sie am Sonntag auf ihn aufpasste. Aber eines Morgens stand er in der Tür, die das Allzweckzimmer mit seinem Bett und dem Fenster verband. Er sah Betty zu, wie sie mit den Armen die Luft pflügte und tat es ihr nach. Schon nach wenigen Bewegungen scherte er aus Bettys Routine aus, fiel in einen Ablauf, der seinem Körper tief vertraut war. Herr Tan turnte neben seinem Bett, als sei ein junger Kämpfer in ihm erwacht. Ganz langsam.

Bald wagte sich Betty mit ihm ins Freie. Gemeinsam gingen sie frühmorgens in den kleinen Park, wo sich die Alten sammelten. Vereinzelt und in Gruppen klopften sie sich die Muskeln warm, schwangen langsam ein Schwert oder dachten nur nach. Herr Tan stand jeden Tag fester unter den Bäumen. Er spannte die Arme, als halte er einen Bogen, dann duckte er sich, schützte das Gesicht mit einer Hand, schob vorsichtig den rechten Fuß vor und erhob sich, beide Arme schirmend vor dem Kopf, und dann schlug er zu. Der Unterarm schnellte als Geisel hoch und fiel oben, wo die Knochen des Gegners brachen, in eine kurze Starre. Betty stellte sich hinter den alten Mann und tat ihm alles nach. Sie guckte ihm Formen ab, die sie noch nicht kannte; erweiterte ihre Übung. Bald turnten sie unisono, absolut still.

Bettys Tage begannen zu pulsieren und die Zeit verdichtete sich. Wenn Herr Tan nach dem Mittagessen einschlief, wurde sie nicht mehr schläfrig. Betty las, repetierte Zutaten von Medikamenten und sie ließ sich die alten Schulbücher liefern, die ihr als Kind das Mandarin, die Hochsprache, vergällt hatten. Nachts öffnete ihr der Laptop ein Tor zu alten Schlachtfeldern, künftigen Galaxien und höfischen Gemächern. In phantastischen Welten erkannte sie ein unendliches Ringen zwischen Feuer und Luft, Erde, Metall und Wasser. Sie folgte dem Phoenix und dem Einhorn, der alten Schildkröte, dem Tiger und dem Drachen in eine wild bewegte Zukunft. Jet Li sprach jetzt nicht mehr Englisch, sondern Mandarin. Betty wollte ihn verstehen. Wenn sie Schriftzeichen übte, brauchte das noch weniger Platz als stehend zu turnen. Ein Mensch war mit zwei kurzen Strichen aufs Papier gebracht. Ein dritter Strich, und er hatte sich zum Wort »groß« erweitert. In kleinsten Karrees standen »Himmel«, »Messer«, »Herz«, »Berg« und »Auge«. Als edle Comic-Schrift erschien ihr das Chinesische. Wenn ein Feld und Seidenballen auf dem kleinen Bauern lasteten, hieß das: »müde«. In immer enger verzahnten, präzisen Strichen erweiterte Betty den Menschen um Pflanzen, Drachen, Staub und Seide, sie baute eine Welt auf – und fand Muster, die schon immer da und schon immer schön gewesen waren, als trete sie in ein Spiel ein, das seit Jahrhunderten auf sie gewartet hatte. Antworten stiegen aus ihr selbst auf, sie durfte nur nicht ins Grübeln geraten, nicht bohrend über eine Frage nachdenken, es galt, die Zeichen lange zu betrachten, wegzulegen, und plötzlich war sie da, die Erklärung, warum das genau so sein musste und immer so bleiben würde, von nun an würde sie dieses eine Zeichen nicht mehr vergessen. Die Welt wuchs mit jedem Zug, den sie aufs Papier setzte. Betty eröffnete sich einen Kontinent. Eines Tages würde sie ihn betreten. Wenn ihr die Einsamkeit den Atem abzudrücken drohte, malte sie sich Städte aus, die höher als Hongkong in den Himmel ragten, sie wünschte sich Kollegen und Betrieb, ein Festland. Es wuchs die Gewissheit, dass der Moment zum Absprung nahe war.

Die neue Ordnung der Tage widerstand auch der Nachricht, dass ihre Mutter gestorben war. Zur Totenwache aufgebahrt liege sie in Manila. In Hongkong trocknete die Wäsche nicht mehr, so feucht und heiß war die Luft geworden. Betty konnte nichts dagegenhalten, wenn sich Herr Tan vollständig auszog vor seinem Fenster.

Man gewährte ihr einen Urlaub von zwei Wochen. Sie flog zurück übers Meer, langsam sank sie über einem endlosen Teppich aus Lichtern nieder. Titas und Freundinnen tauchten bei der Leiche auf. Man sprach von früher. Was in Hongkong war, blieb ausgespart. Wer weinte, musste nicht sagen warum. Schon wurde mit Tränen in den Augen gelacht, dann auch gepokert. Betty aß vom Buffet, das ihre Geschwister für die Gäste aufgetischt hatten. Sie aß und aß, als komme sie von den Galeeren. Zum Schlafen war keine Zeit. Dann flog sie zurück nach Hongkong.

»Nach Hause«, sagte sie sich leise vor. Wiederholte es, als sei sie Herr Tan geworden, der immer wieder nachfragt.

Auch sonntags begann sie zu turnen, im Zentrum der Stadt. Bei Hitze, Wind und Wetter blickte sie über die Bucht auf die Skyline von Kowloon. Es stellten sich Schülerinnen ein, die ihr folgten, obwohl sie wenig sagte. Man solle ihr einfach alles nachmachen und tief einatmen. Ausatmen. Die Arme schwer wie Blei.

7.

Im Garten des Stammhauses wurde schon das erste Gemüse reif, als Céline ankam. Im Juni '16 machte sie die Ersten Fünf komplett. Den letzten Kilometer vom Dorf zum Hof legte sie zu Fuß zurück. »Das Gras wächst uns über den Kopf«, notierte Petra in jenen Wochen, »die Beeren verschwinden im Gestrüpp, Schorf breitet sich aus: schwarze Flecken auf Blättern und Jungfrüchten. Vom Boden her wächst der Moder dem Regen zu, auf verzweigten Wegen. Labkraut zeigt feine weiße Blüten, erstickt aber den Holunder am Haus.«

Mit Céline kam gutes Wetter, allerlei Pollen flogen. Sie sah Kuhweiden und Maisfelder durch einen Tränenschleier, als sie ihren Rollkoffer den Hang hochzog, eine ausgedruckte Email hielt sie in der freien Hand, trat zweifelnd an den Wald heran, der den ganzen Moränenhügel bedeckte. Wer nicht wusste, dass da noch etwas kam, hielt es nicht für möglich, dass dies der Weg zum Klosterhof war. Céline trat zögernd unter die hohen Buchen ins Dunkel, genoss den Schatten, der auch die Reizung der Augen einen Moment lang linderte, aber schon nach wenigen Schritten schien ihr Sonnenlicht direkt ins Gesicht. Geblendet trat sie auf die Lichtung: rechts ein sanft ansteigender Hang, der nur locker mit Föhren und Birken bewachsen war. Im tauglänzenden hohen Gras unter den Bäumen perlte das Wasser auf Spinnfäden. Zur linken Seite türmte sich hoch oben der Fels, eine Wand leuchtete in hellem Ocker, darunter ging der Hang ab wie ein Delta, abgerutschtes Material hatte sich zu einem Kegel geformt. Der war terrassiert. Ein Wahnsinniger musste hier Steinmauern gebaut haben und Sack für Sack gute Erde herangeschleppt, auf die Terrassen hochgewuchtet für die Beete, wo jetzt allerlei Grün zu sehen war. Céline hörte ein Pfeifen in ihrer Brust, sie musste so schnell als möglich in ein Haus kommen.

Im frischen Licht ging sie an den Terrassen vorbei, ein Sträßchen führte weiter, ins Dunkle. Von einer Felswand im Halbrund eingefasst lag dort der alte Steinbruch. Auf seinem Grund wuchsen nur Binsen und schilfiges Gras, aber auch das nur am Rand, denn ein Wahnsinniger hatte eine Maschinenhalle in dieses Loch gesetzt. Ein Koloss mit dunkelgrauem Wellblechdach und braunschwarzen Wänden ohne Fenster. Es schien Céline, als sei diese Halle von einem riesigen Kran über den Wald gehoben worden und dann fallen gelassen. Jetzt stak sie hier im Boden wie ein großes Stück Schrott. Ihr Tor verschluckte einen Mann in Arbeitshosen. Sonst war kein Mensch zu sehen. Auch kein Tier. Rechts von der Halle ging das Sträßchen sachte den Hang hoch auf einen Zwischenboden. Dort fiel der Schatten der Felswand auf einen Stall, noch etwas weiter erhöht, wo bereits Sonnenstrahlen hinkamen, stand ein Einfamilienhaus. Rechts davon, im hohen Gras, war eine Frau zu sehen. Sie hielt ihr Gesicht ins Licht. Céline trat näher, wollte hüsteln, brach aber in kehliges Husten aus. Die Frau wandte sich erschrocken um und Céline erkannte ihr Gesicht. Es wirkte in der frischen Morgenluft jünger als auf dem Bildschirm.

Seit einigen Wochen hatten sie sich auf Distanz unterhalten: Stuttgart – Kloster – Clermont-Ferrand – Kloster – Stuttgart. Petra hatte sich die Arbeitsstunden verdorben und den Schlaf versaut, weil sie Termine in unterschiedlichen Zeitzonen verabredete, neue Schwestern und Brüder suchte und sich dafür wackligen Verbindungen auslieferte. Sie musste feststellen, dass es schwierig war, auf ein Wort zu zählen, das am frühen Morgen ausgesprochen wurde, aber spät abends gehört, technisch gesprochen im selben Moment, aber was war schon dasselbe, wenn in Saõ Paulo alles im Verkehr steckenblieb, alle herumtexteten, nichts fix blieb; in Manila war Mitternacht vorbei, wenn in Bamako die Straßen abgesperrt wurden, schon fiel ein Termin aus. Schweigen am Bildschirm. Ein schneller Ersatz war nicht zu organisieren, auch nicht in Saõ Paulo. Petra wollte sich ein Bild machen von den Leuten, die nur flimmernd erschienen oder verpixelt, immer wieder absagten, aber kluge, herzerwärmende Nachrichten schrieben. War sie einmal in ein Gespräch vertieft, blinkte am Rand des Bildschirms ein Fenster auf und verschwand, noch bevor Petra den Absender erkannt hatte. Solche Nachrichten gingen oft verloren. Petra wollte schon den Mut verlieren, als per Post ein Brief von Céline eintraf mit dem Vorschlag, immer montags um neun, nach dem Abendessen, eine halbe Stunde lang zu reden. Dazwischen würde sie gern nachdenken, schrieb Céline. Schon auf den dritten Montag freute sich Petra tagelang. Sie hörte sich an, wie ihr Interesse für Lautverschiebungen in einer Küche des französischen Zentralmassivs begann, im Nirgendwo, wo sich ein tränendes Mädchen nützlich machte und lieber zuhörte und las, als nach draußen zu gehen, wo sie im Frühling und Frühsommer Pollen attackierten. »Verwirrter Professor« nannte man sie im Dorf, das war nicht unfreundlich gemeint. Und so schien ihr Leben vorgezeichnet. Sie studierte; zog sich ganz zurück aus den Feldern und der Küche der Eltern, Céline verschwand in den Lauten, die sie gesammelt hatte: In der harten Aussprache der Großeltern und einzelnen Worten, die sie liebte, aber selbst nie verwendet hätte, im Tempo des Sportreporters, der am Radio ein Spiel des lokalen Fußballclubs kommentierte. In Gedichten, die sie las, meinte sie wildfremde Großeltern zu hören. So verbrachte sie einige Jahre an der Universität von Clermont-Ferrand, wechselte nach Leipzig. Dort schrieb sie nicht nur Arbeiten, sondern begann, Töne zu produzieren: Traktorenklang, den sie vermisste, unverständliche Sprachen im Takt eines Sportreporters, der außer sich gerät, abbricht, die nächste Flaute dann locker überplaudert. Sie legte sich ein Equipment zu, das immer mehr Raum einnahm. Mit großen Maschinen und Rollkoffern ging sie abends in einen Club, um aufzulegen. Nur wenige Leute waren begeistert, aber einige kamen immer wieder, um scharfe Laute zu hören, die elektronisch ausbauchten. Céline zog nach Stuttgart um, fand einen neuen Club, war oft verliebt und musste feststellen, dass sie zwar zu Hause noch immer als verwirrt galt, aber nie Professorin werden würde. Noch ein paar Jahre Post-Doc, dann war es aus. Petra versprach ihr, dass sie im Orden endlos studieren dürfe.

Dann saßen auch Kurt, Anatol und Betty vor dem Bildschirm und lachten, als Céline aus einem altprovenzalischen Hymnus in traurigen Jodel überging. Bald brauche sie nur noch einen Laptop zum Komponieren, sagte sie, die Maschinen schrumpften, aber sie dehne sich aus. Seit ihr Leben in der Schwebe sei, interessiere sie sich für Pilze und Gestein.

»Wahrscheinlichkeiten? Kettenreaktion?«

»Auch das, selbstverständlich.«

Und jetzt stand sie da: Céline mit Rucksack, blauem Rollkoffer und Strohhut. Überraschend groß gewachsen, mit schulterlangem bleichem Haar und verweinten Augen.

»Hosianna.«

»Bonjour.«

»Dein Zimmer ist bereit.«

Ein formelles Eintrittsgespräch fand nicht statt, aber Céline wusste sofort, wie es geht: Aufstehen, mit Schlaf in den Augen vors Haus treten, sich hinter Betty Wang stellen. Die Halsmuskeln dehnen, auf einem Bein stehen, auf zwei Beinen ruhen und dann die Faust ausfahren, blitzschnell zurückziehen. Der Arbeitsplan in der Küche war übersichtlich. Sie trug sich, ohne darum gebeten zu werden, für einen Wochendienst ein. Vom Frühstück in der Küche ging es gemeinsam ins Wohnzimmer. Das glich einer englischen Professorenstube, man versammelte sich in Sesseln zum Gespräch. Jeder hielt ein Tablett in der Hand, der Beamer war diskret im Büchergestell untergebracht. Wie aus dem Nichts erschienen Graphiken und Tabellen an der Wand. Es wurde gelehrt und gelernt.

»Mol« war der Einheitsname für eine Stoffmenge, nicht zu verwechseln mit »Moll«, Standort einer Atomanlage in Belgien. Die Pilze der Gegend wurden gesammelt und benannt. Auch Varianten des Sauerampfers. Kurt nahm vor aller Augen einen Stahlbohrer auseinander und baute ihn wieder zusammen. Betty sprach vom menschlichen Blutkreislauf, bevor Petra die Absterbetabellen für die Rentenberechnung präsentierte. Irgendwann sollte sich der Orden zwanglos in allen Wahrscheinlichkeiten bewegen können. Dazu vermittelte Anatol die nötigen Faustregeln und Formeln.

Während sie sich über eine Schrift an die Künftigen Gedanken machten, stieß die alltägliche Verständigung an Grenzen. Deshalb wurden die Arbeitsstunden am Nachmittag gekürzt, Sprachkurse verordnet: Online, jeder für sich. Die Samstagsversammlungen machten deutlich, dass die einen Sprachstunden dringender nötig hatten als die anderen, dass das aber niemand auszusprechen wagte. Kurt zum Beispiel hatte Mühe mit Englisch, Betty mit Deutsch. Auch Céline stimmte kommentarlos dafür, dass alle noch besser Englisch und Deutsch sprechen sollten. Abends übte sie häufig mit Betty, deren Deutsch einen leicht französischen Akzent annahm. Nachmittags arbeiteten sie Seite an Seite im Garten. Und immer war klar, wann gegessen wurde. Wann der Tag zu Ende ging.

Dass die Regeln des Ordens eine Schwangerschaft verboten, war klar. Ob auch Sex verboten sei, wollte Céline nicht fragen. Sie hätte sonst nachhaken müssen: Was gilt die zärtliche Anhänglichkeit an einen Bruder? Darf man jemanden anhimmeln? Gilt es als erotisch oder platonisch, wenn sich jemand verliebt, oder besser: Spielt das eine Rolle? Kommt das überhaupt zur Sprache?

Auf solche Fragen hätte im ersten Jahr noch niemand eine Antwort gewusst. Ganz selbstverständlich bezog jeder ein eigenes Zimmer, die Idee eines gemeinsamen Schlafsaals wurde kein einziges Mal erörtert. Um das peinliche Schlangestehen vor dem Badezimmer, mit einem Frotteetuch um die Hüfte oder um Hüfte und Busen, zu beenden, baute Kurt im ehemaligen Kuhstall zusätzliche Duschen und Toiletten ein. Die Abflüsse waren schon vorhanden.

Petra notierte, dass sie manchmal nackt in ihrem Zimmer stand und nicht weiterwusste. Im Frühling waren die Zecken erwacht und saßen auf exponierten Blattspitzen der Himbeerstauden, der Buschwindröschen im Wald und am Ende der Grashalme, die über einen Fußweg ragten. Die Viecher schienen auf Petras persönlichen Geruch fixiert. Es nützte nichts, dass sie sich vollständig bedeckte und ein abschreckendes Spray verwendete, von jedem Waldspaziergang und jeder Gartenarbeit trug sie einen Stich davon. Die Zecken bissen sich in der Kuhle zwischen Oberschenkel und Schambein fest oder rund um die Brüste, im Nabel, auch an besonders weichen Stellen des Rückens. Dort kam sie mit der Pinzette nicht hin. Vor dem Spiegel probierte sie es aus: Nur knapp sah sie den schwarzen Punkt. Sie sah auch ihre rechte Hand, die im Spiegelbild von links her die Pinzette zur Zecke führte, aber wenn sie das kleine Monster greifen wollte, rastete etwas aus im Hirn. Petra schrie dann laut auf vor Ärger, weil die Pinzette immer danebengriff. Sollte sie, allen Empfehlungen zum Trotz, drauflos kratzen, bis sich der Zeckenkörper unter einem Fingernagel befand, das bakteriengesättigte Köpfchen aber immer noch in der Rückenhaut festsaß – tot, aber gefährlich, weil die Bakterien noch lebten und ihren Weg in die Blutbahn fanden. Wobei die Mitglieder des Ordens die Wahrscheinlichkeit einer Borreliose-Infektion unterschiedlich berechneten. Anatol vertrat die These, dass die Gefährlichkeit der Zecken aufgebauscht werde. Trotzdem musste man sie irgendwie entfernen.

Petra schrieb in ihr Tagebuch, dass sie sich nicht vorstellen könne, mit nackten Brüsten vor Betty zu stehen. Ihre Zuneigung nannte sie »fein austariert«, eine minimale Schicht Kleider gehörte dazu. Oft seien sie abends zusammen vor dem Haus gesessen, ohne ein Wort zu verlieren. In der Vertrautheit, die sich schon in Hongkong eingestellt hatte und im Klosterhof noch wuchs, schweiften die Gedanken zwanglos ab. Petra erinnerte sich an eine gemeinsame Wohnung in Manila, die es nie gegeben hatte, in der flunkernden Erinnerung war Betty nackt, es war dunkel in den Schlafzimmern, die sich in der Phantasie eröffneten. Bei aller Dramatik der Trennungen, Versöhnungen, Orgasmen, die sich Petra vorstellte, blieb sie unbeweglich und still, auch Betty saß da, als sei nichts. Alles war schon geschehen. Der Aufruhr hatte sich gelegt, man war zu einer Freundschaft übergegangen, die keine Berührung mehr erforderte. Still dasitzen war genug, fand Petra, die das Verhältnis nicht durch unnötige Worte oder Zärtlichkeiten gefährden wollte. Also war undenkbar, Betty zu bitten, in ihr Zimmer zu kommen und eine Zecke zu entfernen.

Zu jenem Zeitpunkt war Anatol gerade eingezogen. Petra konnte schwer abschätzen, wie er ihr begegnen würde. Er müsste wohl, wie das alle tun, mit seiner Hand über ihre Haut fahren, um das Tierchen zu ertasten, das so klein war, dass man es kaum sah. Petra schloss nicht aus, dass sie das erregen würde. Anatol schien der Typ für kurzen, aber würzigen Sex, für ein wortloses Über-Einander-Herfallen mit ungewissen Konsequenzen für den Orden, der in zarten Anfängen steckte, man durfte ihn nicht gleich durchrütteln.

Kurt machte einen ruhigeren, ganz kollegialen Eindruck. Aber manchmal, wenn sein stiller Witz eine Situation rettete, beschlich Petra die Vorstellung gemütlichen Nachmittagsverkehrs. Dem stand der Tagesplan sicher entgegen. Am Nachmittag zog sich niemand allein oder zu zweit in ein Zimmer zurück. So kratzte sie sich im ersten Frühling die Zecken ungelenk vom Rücken und hoffte, dass Anatol die Unwahrscheinlichkeit einer Infektion richtig berechnet hatte.

Erst als im Juni auch Céline ankam, ergab sich eine bessere Lösung. Petra ging im Bademantel in deren Zimmer und bat sie um einen Freundschaftsdienst. Als sich Petra ausgezogen hatte, stellte Céline fest, dass ihr Nacken von der Sonne verbrannt war. Sie rieb ihn, kaum war die Zecke entfernt, mit kühlender Paste ein. Petra wollte sich revanchieren, worauf Céline ihre Bluse auszog, Nacken und Rücken freigab. Da wurde die Narbe sichtbar, die gleich unter dem Büstenhalter begann, die Hüfte vorn und hinten überzog, in den Hosen verschwand. Es sah aus wie verfestigte Blasen, von sehnigen Passagen unterbrochen, ein dünnhäutiger Wuchs in Weiß und Rosa. Sie sei etwa zehn gewesen, erklärte Céline ihren gezeichneten Oberkörper, sie habe in der Küche Himbeeren eingemacht. Da sei ihr die große Pfanne mit der kochenden Marmelade entgegengekommen, eine dumme Bewegung müsse das gewesen sein, jedenfalls kippte die Pfanne und die Marmelade verbrühte den kleinen Körper. Petra fuhr nur leicht über die Narbe, rieb den Nacken aber kräftig ein.

Céline bekleidete das Amt der »Schriftgelehrten«. Sie machte Vorschläge, welche Bücher in eine Liste der Klassiker aufzunehmen seien und sie sammelte jede Erkenntnis, die dem Orden dabei helfen würde, seine überzeitliche Dokumentation zu erstellen. Sie bestand darauf, Grundbegriffe einer weltumspannenden Ur-Grammatik in Anatols große und erweiterte Formelsammlung einzufügen. Er gab schließlich nach und als Gegenleistung lernte sie eine Programmiersprache. Dass Betty der Formelsammlung eine taoistische Lehre der fünf Elemente anfügen wollte, nahm Anatol irritiert zur Kenntnis, er wehrte ab, als sie von Drachen und der alten Schildkröte sprach, Kreise und Pfeile auf ein Blatt zeichnete, um ihm vielfache Wechselwirkungen aufzuzeigen. Den Titel »Forscher«, den ebenfalls Betty vorschlug, nahm er allerdings klaglos an. Dass der Orden aus fünf Ämtern bestehen sollte, war ihre Idee. Kurt erhielt den Titel »Maschinist«. Sich selbst nannte Betty »Medica«. Petras Titel blieb länger unklar. In alten Klöstern stand der Haus- und Betriebswirtschaft ein Camerarius vor, ein Kämmerer, Chamberlain; Petra zog auch Schatzmeisterin in Betracht, Quästor und Prokurator. Sie wurde aber mit keiner dieser Bezeichnungen glücklich. So blieb es bei einer kurzen Anrede, »Ate«, die Betty im Herbst '15 überraschend verwendet hatte.

In den allerersten Wochen des Ordens flogen Stäubchen in der Luft herum, auch Kleinstmücken in letzter Hektik, weil sie bald sterben würden. An einem solchen Abend war Petra durch den Wald gegangen, um ihre Sorgen zu vertreiben. Dann trat sie vor die Bäume, über dem Nebel war eine große gelbe Scheibe zu sehen. Petra fragte sich, ob das die Sonne sei oder der Mond. Sie ging in den Wald zurück und als sie zum zweiten Mal vor die

Bäume trat, war der Nebel verschwunden, die Scheibe leuchtete noch heller. Am Gesicht, das sich abzeichnete, war nun deutlich zu erkennen, dass es der Mond war. Er kam ihr viel zu nah. Petra suchte Betty und keuchte, als sie zu sprechen begann. Die Aufgabe sei immens, sagte sie, die Finanzierung ungesichert, man habe keinen Plan. Betty beruhigte sie und sagte zum ersten Mal »Ate« zu ihr, was auf Tagalog »große Schwester« bedeutet und als Ehrentitel dem Namen vorangestellt wird. Petra schien das dankbar anzunehmen und sprach freier. Es sei wohl immer dasselbe, sagte sie, ob Tagalog oder Deutsch: Die große Schwester solls richten.

Tatsächlich war sie als Älteste aufgewachsen, in einer Stadt unweit des Klosterhofs. Ihre Mutter sei oft am Ende der Kräfte gewesen, eine berufstätigte Mutter mit drei Kindern, bald ohne Mann. Daran erinnert Petra in einer Passage ihres Tagebuches, aber vielleicht schreibt sie auch vom Orden: »Die große Schwester hat keine Kompetenzen, sie trägt aber die Verantwortung, ihre Pläne können jederzeit durchkreuzt werden, jeder Entscheid gilt nur so lang, bis Erwachsene etwas anderes verfügen. Die kleinen Geschwister sind unter der Knute zu halten, sonst verliert Ate den letzten Rest an Kontrolle. Ältere Schwestern laufen Gefahr, früh zu verbittern, sie verlieren leicht die Nerven. Man erkennt sie daran, dass sie sich Ereignisse im Voraus detailliert vorstellen, Varianten gedanklich durchspielen und sich in die verschiedenen Beteiligten hineinversetzen, so können Fehlerquellen rechtzeitig erkannt werden, es läuft dann, wenn keine höhere Macht eingreift, wie am Schnürchen und wer aufmerksam ist, wird feststellen: Hier wurde an alles gedacht. Wenn sich aber die höheren Stellen, was die Regel ist, an gar nichts halten und wenig an die praktischen Konsequenzen ihrer Entscheidungen denken, dann läuft alles aus dem Ruder. Dann ist die große Schwester zur Improvisation gezwungen und das liegt ihr nicht.«

In den täglichen Lektionen und Arbeiten gewöhnten sich die Ersten Fünf an ihre Titel, halfen sich aus bei der Arbeit im Simulatorium, in der Küche und im Garten. Es war im Grunde genommen lächerlich, eigene Zwiebeln anzubauen, wenn man draußen im Dorf nur zwei fünfzig das Kilo zahlte. Aber den Laden im Dorf werde es nicht immer geben, auch das Dorf nicht und die Autobahn, irgendwann in den kommenden zighunderttausend Jahren werde bestimmt auch der Eisenbahnverkehr eingestellt. Der Orden wolle sich auf alle Notfälle vorbereiten, er müsse sich selber ernähren können, sagte Betty. Solange kein Notfall eintrete, sei die Gartenarbeit als Übung zu verstehen. Alle staunten, mit welcher Leichtigkeit sie von einer Terrasse auf die nächst höhere sprang. Sie jäteten, rechneten, bald ernteten sie die ersten Gurken. Mit zunehmender Sommerhitze ließen die Zeckenstiche nach. Die Sonne schien wuchtig auf die Terrassen und ließ die Steinmauern heiß werden. Sie lagen so, dass sie auch mittags und nachmittags noch beschienen wurden. An den längsten Tagen fiel sogar ein wenig Licht auf die Maschinenhalle. »Auf das Monstrum«, dachte Céline, die sich mit dem Rücken zum Wellblechdach hinsetzte, wenn sie in den Sommernächten noch auf der obersten, der kleinsten Terrasse sitzen blieben. Direkt vor der Felswand konnte man auch im Dunkeln die Sonne genießen, denn der Stein strahlte noch Wärme ab, wenn sie um den Gartentisch herumsaßen und eine Flasche Wein öffneten.

An einem dieser Abende begann Kurt, von der Zukunft zu erzählen.

Kavernenraub

Ein Szenario, erzählt von Kurt,
dem Maschinisten,
an einem warmen Sommerabend
des Jahres '16

»In vierzig Jahren sitzen hier alte Männer im Garten.
Wenn ich dann noch am Leben bin, sitze ich bei ihnen,
den Tattergreisen.
Sie verstehen nicht, was die jungen Mönche reden,
nicht nur wegen der Demenz, auch weil die Wörter komplizierter werden.
screw kann jeder aussprechen, das haben wir früher getrunken, SKRUDRAIVER, aber da wussten wir noch nicht, was das Gesöff mit Schrauben zu tun hat, sonst hätte man vielleicht etwas anderes genommen, so ein SKRU im Hals ist keine schöne Vorstellung, ich hätte dann zum Beispiel RUMKOLA bestellt.
In der fernen Zukunft werden sich die Greise noch daran erinnern, dass Schrauben und Muttern einfache Namen hatten, die Arbeit eben, die Gewinde, Wellen und Ösen, Ventile, jeder Schaft und der katholische Schraubenzieher, auch das Bier zwischendurch, aber das wurde dann langsam anders, man hats kaum gemerkt, dass das I kürzer wurde und immer mehr Leute dachten: Das schreibt sich mit zwei E, also ee, wie BEENENHONIG.
In dieser Geschichte geht es um Schrauben und Ventile, um Passungen, wenn ich genau sein soll, Übersetzungen, die nötig werden in der Zukunft des Ordens, schlimmer als die Worte sind nämlich die Dinge, die irgendwoher kommen und nicht mehr zusammenpassen, wenn etwas zu reparieren ist, auch im Orden wird das ganz schwierig, obwohl wir dann schon

sehr groß sein werden, dem Ersten Maschinisten werden die Zweiten Maschinisten unterstehen und die Dritten, es wird draußen im Dorf, in der Nähe des Lagers, weitere Wohnhäuser geben und einen Ableger im Norden,
aber der Hauptsitz wird immer noch hier sein, in unserem alten Steinbruch, ab vom Schuss,
die Gärten sind dann alt und dicht bewachsen, die Terrassenmauern sehen antik aus, man muss wenig pflanzen, viel zurückschneiden, ziemlich edel wird das hier wirken mit dickstämmigen Rosen, schweren Holdertrauben und dichtem Hasel,
aber rundherum ist die Welt vor die Hunde gegangen,
die Staatenwelt jedenfalls,
wir befinden uns in der Unabhängigen Gemeindeföderation VEZ.
Der Orden ist noch unabhängiger als die Gemeindeföderation: hat eigenes Wasser, eigenen Strom, eigene Maschinen, aber keine Ersatzteile, das ist das große Problem, und die Steuerbüchsen der Geräte werden über Satellit gesteuert,
Satellit wird dann wirklich das Letzte sein, so etwas machen dann nur noch die kleinen Föderationen, weil sie kein Geld haben, um starke Kabel zu verlegen,
und der Dienst ist nur zugekauft, der Satellit gehört irgendeiner Mafia, einer Mickey-Mouse-Firma, die sich ganze Gemeinden kauft und ein billiges Weltreich gründet,
ein Weltreich unter vielen,
SATELAIT, sagt man dann und zwei demente alte Brüder, die auf den Terrassen herumstochern, die sie jahrelang gepflegt haben, die fragen LAIT? LATTE?,
das sind hiesige Brüder, wenn ihr wisst, was ich meine, die haben es noch erlebt, dass hier alles dreisprachig angeschrieben war, als Kinder haben sie deutsch gelesen, was ihnen französisch und italienisch vorgesetzt wurde, und jetzt denken sie wieder so: Etwas Milchiges, Dreisprachiges surrt ihnen durchs Hirn aus der alten Zeit, als sie barfuß auf kalten Fliesen vor

einem Kühlschrank standen; jetzt hat die neue Zeit ein Problem, weil der SATELAIT austickt, jetzt spielen nämlich die Geräte verrückt und die Maschinisten rennen wie die Hühner über den Hof, weil der Gartenschlauch tanzt über den Beeten, die man dann BEHTEN mit EH schreiben muss, weil sonst alle BITEN sagen,
hat ja zwei E, aber BITEN mit einem I könnte auch BAITEN sein, also beißen, so sind die Wörter aus dem Ruder, das macht dich ganz verrückt,
wie der Gartenschlauch, der plötzlich ganz allein, aus eigenem Antrieb Tänze aufführt in der Luft, also rumschwingt, irgendwie elliptisch, das könnte gefährlich werden, wenn das Mundstück aus Stahl einen Kopf trifft, man kann diese Bewegungen nicht berechnen, schon gar nicht, wenn sich die Gerätesteuerung selbständig macht, der Satellit falsche Daten sendet, kaputt ist oder gehackt und alles kunterbunt gelesen wird in der Steuerbüchse, die zum Glück äußerlich ruhig bleibt, sie ist nämlich beim Wasserhahn festgemacht, das heißt: an der Wand, dort rennt jetzt ein Bruder hin und baut sie aus, so schnell er kann, und hetzt weiter,
»DE MOUER«, ruft ihm einer zu,
»MOU«, kommt's wie ein Echo von den Dementen im Garten,
»DE MOUER«,
»Mou, Mou«, sagen die Alten im Garten noch einmal, zweimal, bis die Gehetzten in die Beete schreien: »Shut Up!«,
das funktioniert immer, diese kurzen Befehle, egal in welcher Sprache,
aber die Gehetzten haben natürlich recht, sie müssen jetzt den Kopf bei der Sache haben, bis alle Steuerbüchsen entfernt sind, kein Mäher mehr irgendwohin rast, keine Herdplatte mehr glüht und die Vorhänge einfach nur hängen – erst dann, wenn alles ruhig ist und ungesteuert, kann man wieder lächeln über die Alten, die da ganz verschreckt aus ihren Beeten gucken,
»Mou, Mou«, sagt eine Schwester beschwichtigend, den Alten verschwindet die Angst aus den Augen, einer lächelt sogar und

langsam nehmen alle das Wort wieder auf, den Singsang, der sie an früher erinnert, als es noch Bern gab, und Berndeutsch und einen Staat, der alles zusammenhielt,
vieles jedenfalls,
das Stromnetz zum Beispiel, eine Weile lang,
es gab für den Hausgebrauch zwei fixe Stromstärken, globale Größen für Schrauben und Muttern, ein Reglement für die Linsensenk-Blechschraube mit Schlitz, darüber kann man lachen, aber Bruder Sebastian, der Erste Maschinist, fährt jedes Mal aus der Haut, wenn er wieder Schrauben kriegt, die mit keiner Mutter zusammengehen, weil jede Mickey-Mouse-Firma ein Weltreich gründet und feindliche Ersatzteile bekämpft;
»Jedem seine Norm!«, ist die Devise seit dem Pazifischen Krieg, der ein Weltkrieg war und Genf verheerte, auch Bern wurde zerstört, es vergingen ganz viele Staaten und die Leute mussten sich irgendwie selber helfen, sich verkaufen, in die boomende Hauptstadt einer Firma auswandern oder sie gründeten einen Verbund, es gab ein paar braune Volksbünde, Massaker.
Der Orden wird Glück gehabt haben: Die Gemeindeföderation VEZ ist technisch nicht auf der Höhe, aber sonst recht vernünftig. Man tut, was man kann.
Weil die Konsorten, die das Endlager gebaut haben, im großen Kriegsdurcheinander Konkurs gehen, ist der Orden irgendwann allein für die Anlage verantwortlich. Leider sind noch nicht alle Brennstäbe im Boden, wenn der Zusammenbruch kommt. In Kastoren verpackt liegt das Material auf Güterzügen, die man zwischen den Wäldchen hinter dem Dorf geparkt hat, man verschiebt sie auf riesige Regale in der Montagehalle. Jemand muss den Betrieb wieder aufnehmen: das Auspacken in der vollautomatisierten, perfekt abgeschirmten Halle, den Transport der neuen Behälter in den Untergrund.
Zur Zeit der Konsorten waren hier siebzig Leute angestellt. Sie arbeiteten ganz für sich, vom Dorf abgewandt in ihren Hallen und Büros. Im Dorf nannte man sie Armee, die Vorar-

beiter sprachen von der Familie, im Grunde wars eine Fabrik, die laufen musste, sieben Tage vierundzwanzig Stunden, alle paar Wochen kamen neue Brennstäbe mit der Eisenbahn, auf einem Spezialgleis wurden sie angekarrt:
stuff, sagten die Vorarbeiter, dann hieß es auspacken und neu einschweißen, man hatte eine werkseigene Stromversorgung, eigene Sondermüllschuppen, die man bald nicht mehr leer kriegte, Betriebsschutz und Kantine. Aber als kein Lohn mehr gezahlt wurde, verschwand die ganze *family* und VEZ musste froh sein, dass der Orden da war.
Wir zogen Leute aus dem Norden ab, rekrutierten heftig. Der Gemeinde war schleierhaft, woher wir das Geld nahmen für unsere Leute, wir mussten ja auch Essen und Ersatzteile beschaffen.
Obwohl rechtlich alles in der Schwebe war, machten wir weiter.
Ging ja nicht anders.
Die Zwischenlager lieferten weiter Material, auch MOXen aus der Wiederaufbereitung, schwieriges Material, das noch jahrelang gekühlt werden musste; von außen betrachtet lief die Anlage weiter wie bisher, nur standen jetzt Brüder und Schwestern am Bildschirm und kontrollierten, ob da drin in der Zelle alles lief wie geplant, versuchten nicht einzuschlafen dabei, weil es so langweilig war,
es half sich vorzustellen, dass man grilliert würde von einem nackten Brennstab, der jetzt dann gleich neu umhüllt wird,
ein Automat kontrolliert noch nach, ob richtig geschweißt worden ist.
Schweißnähte sind Bruder Sebastians Albtraum. Er predigt: Das ist die Bruchstelle! Da kann ein Leck entstehen im Untergrund, in etwa fünfhundert Jahren,
dann kommt vielleicht das Grundwasser durch eine Ritze im Stein,
aber die Katastrophe kann schon viel früher beginnen, zum Beispiel mit einem Gartenschlauch, der eigenwillig tanzt, weil

die Gerätesteuerung gehackt wurde über den Satelliten, der uns nicht gehört, das ahnt Bruder Sebastian und denkt auch jetzt sofort an die Schweißnähte,
zu einem Alten im Garten sagt er noch ganz ruhig: »Feierabend«,
dann prescht er davon,
nimmt einen Gleiter und steigt über dem Steinbruch hoch, den Gleiter hat er selbst gebaut aus hydraulischen Kissen und Düsen, stillen Rotoren, innen vertrackt, außen verschalt, aber bunt, so fliegt er über den Wald und über das Dorf zum Eingang des Endlagers, zwischen zwei Wäldchen, parallel zum Spezialgleis fliegt Sebastian an,
er kann sich nicht beruhigen in der Luft, weil er für einmal manuell steuert, so fliegt er zu schnell, das hilft nicht beim Denken und beim Abwägen, was da schief laufen könnte, was herumspukt in den Geräten und abgeht zwischen dem Satelliten und den Dingen, ob da jemand auf einem Berg sitzt, auf einer Insel hockt und reinpfuscht oder noch schlimmer, etwas im Schilde führt,
jedenfalls muss die Automatik im Werk gestoppt werden, bevor eine Pfuschnaht im Erdboden verschwindet.
Bruder Sebastian ist nicht der einzige, der sich Sorgen macht.
Den Error haben alle bemerkt, die im Werk waren, sie sind schon dabei, die Kühlung der MOXen ganz auf Eigenstrom umzuschalten, die Schweißerei ist gestoppt.
»Nichts verschwindet im Boden«, sagt Bruder Sebastian zu den Maschinisten vor Ort, aber das wissen sie schon.
Da trabt, wie aus dem Nichts, ein Trupp Uniformierter an. Niemand kennt ihre Gesichter.
Die Uniformen der Leute, die antraben, sind aus glänzend weinrotem Stoff, eine neue Art Schutzkleidung, die man hier nicht kennt. Irgendwo hinter den Wäldchen müssen Busse oder Riesengleiter gelandet sein, sonst wärs nicht möglich, dass da plötzlich fünfzig bis siebzig Leute auftauchen. Die laufen, als gings hier um Sekunden.

»XP Safety!«, brüllt der Erste, der ankommt.
Bruder Sebastian vermutet, dass der seltsam hohe, sperrige Kragen um den Hals der Trabenden eine Atemschutzmaske ist, die sie sich später übers Gesicht schieben können. Möglich, dass die weinrot-glänzenden Anzüge vor Strahlung schützen. Wie gesagt, der Orden ist von den neusten Erfindungen abgeschnitten, seit VEZ die meisten Mickey-Mouse-Firmen boykottiert.
XP hat vor Jahrzehnten Verpackungszellen produziert, jetzt gilt die Firma als verschollen. Ersatzteile liefern sie schon lange keine mehr und sie beantworten auch keine Nachrichten, aber plötzlich steht da dieser *safety staff*, in Reih und Glied –
in dieser Gegend ist immer unklar, ob *staff* oder *stuff* –
»Wir übernehmen sofort die Kontrolle«, sagt der fremde Kommandant,
dann brüllt er dieselben Worte nochmals, weil ein zweiter Trupp ankommt, dessen Kommandant nun jeder kennt, er leitet den dörflichen Zivilschutzverein, hat offenbar schon Verstärkung aus föderierten Gemeinden angefordert,
wahrscheinlich hat die Anlage von selbst Alarm geschlagen,
auf Fahrrädern, Gleitern, alten Klappermobilen kommen sie an, tragen keine Uniform, nur die grellgelbe Mütze des Zivilschutzvereins, hohe Stiefel und eine rote, ärmellose Weste; die Bürger von VEZ sind deutlich besser rasiert als der fremde *staff*, die Frauen wirken feiner im Gesicht, kräftiger in den Schultern, die VEZER stellen sich hinter Sebastian, der seinen Blick über die finsteren Gesichter der Fremden gleiten lässt,
diese Gesichter passen nicht zur neumodischen Uniform, viel zu abgefuckt wirken sie, besonders die Frauen: frühverkerbte Gesichter, Zahnlücken, eingefallene Wangen – als sei da schon lange kein Gebiss mehr –, und Flecken im Gesicht, die grösser sind als Muttermale und unförmig, irgendein Zerfall kriecht da die Leiber hoch, die noch nicht alt sind, nur aufgebraucht, auch die Männer tragen diese dunkelblauen Flecken im Gesicht und ihre Augen stehen etwas vor,

dagegen wirkt der eigene Zivilschutz fesch; ziemlich freundlich sagt der Dorfkommandant: »This is our land.«
Sebastian überlässt ihm das Reden, er steht nur da mit verschlossener Miene und fragt sich, wo er diese blauen Flecken schon einmal gesehen hat, wann das gewesen sei, dass er so ein *face* vor sich hatte ... da waren verkohlte Straßenzüge, spärliche Kartoffelernten, man musste die Gartenterrassen abdecken, damit sie nicht vergiftet wurden aus heiterem Himmel, auch im Dorf hat einmal alles gebrannt, nur die Montagehalle nicht, denn der Beton, der hier verwendet wurde, war todsicher und damals lagerten am Spezialgleis noch staatliche Truppen, die gaben alles und irgendwann war die letzte Schlacht geschlagen, dann trieben sich nur noch kleine Trupps herum, mit Waffen von irgendwoher, und sie raubten, was sie wollten, erschossen, wer ihnen nicht passte;
das Schattenloch wurde besser gesichert, man sprach von HOBOS, von Geschmeiß, von SINDEL, ganz unterschiedliche Trupps zogen umher, wurden aber weniger, wir wurden unvorsichtig.
Eines Tages wollte sich ein einsam verstreuter TUNTSCH in unserm Gartenschuppen betten, aber Sebastian entdeckte ihn, wollte was sagen, da schoss der andere schon, traf aber nicht, blutete selbst überall und ist dann, als ihm Sebastian eine Knarre an den Kopf hielt, abgezogen,
irgendwo verblutet wahrscheinlich, denkt Sebastian und hört wie von fern den Befehl des fremden Zampanos in seiner schmucken Uniform.
SCHISCHI, denkt Sebastian, wer weiß, ob der neue Stoff etwas aushält, da hört er den Kumpel vom Zivilschutz, der widerspricht, schon etwas weniger freundlich: »Hier wird nichts abtransportiert«, sagt er, »eine kleine Störung«, »nichts Dramatisches«, man werde in Kürze ...
der andere ist härteren Umgang gewohnt, er schnaubt fast beim Reden und wiederholt immer nur den Befehl: den ganzen *stuff* zum Transport fertig ... Hallen schließen ... fertig ...

da stellen sich die Bürgerinnen und Bürger von VEZ vor die Montagehalle, blockieren die Eisenbahnlinie, man hätte sie wegbugsieren müssen, anrempeln, schon brüllt der SCHISCHI-Chef ein Kommando, das die VEZER nicht verstehen, auch Sebastian nicht, schon glotzen sie alle in die Mündung von Pistolen –
Riesendinger stell ich mir vor, wo man nicht weiß, ob sie gleich Feuerkugeln oder Laser speien –
wo kriegt ein Haufen TUNTSCHEN solche Waffen her und Uniformen mit SCHISCHI-Mundschutz?
»Nichts XP«, sagt sich Sebastian, »Fucking Mafia, die wollen unsere Brennstäbe«,
was heißt hier abgebrannt, sagt sich irgendwo auf einer Insel, einem Berg, einem Hochhaus ein Mafioso und hackt den Satelliten,
»was noch strahlt, kann man verquanten«, sagt der sich, es gibt schließlich Weltreiche mit boomenden Hauptstädten, die Geld haben für große Anlagen und Personal und Hochschulen, Armeen, beneidenswerte Apparate, die müssen nicht tausend Schraubensorten sammeln und fünfzig verdammte Computersprachen lernen, um allem Herr zu werden, was da angespült wird im Schattenloch, wo man alles mögliche zusammenbastelt, damit die Verpackung der Brennstäbe und ihre Fahrt in den Untergrund noch eine Weile funktioniert,
eine ewige Weile,
und Bruder Sebastian weiß nur zu gut, dass immer irgendein Weltreich auf die Idee kommt, man könnte doch eine Bombe basteln aus dem Stoff, den andere Müll nennen,
die greifen sich an den Kopf, wenn sie die Föderatiönchen betrachten, wie sie vor sich hinwursteln und Stäbe so gut verbuddeln, dass man sie kaum mehr aus dem Boden kriegt.

Manchmal greif ich mir auch an den Kopf, muss ich ehrlich sagen,
aber dann seh ichs wieder ein: Wir gehen auf Nummer sicher,

ich meine wir, heute, der Orden,
wir denken immer ans Schlimmste, malen den Teufel an die Wand
und auch Bruder Sebastian wird es für möglich halten, dass da ein Leibhaftiger vor ihm steht und brüllt, hinter ihm HOBOS, kaum rekrutiert, kurz im KRÄSHKURS gewesen, und das wird auch alles sein, was sie können: KRÄSCHEN, denkt Sebastian,
»Ihr werdet alle draufgehen«, sagt er am Zampano vorbei in die Mündungen der Pistolen,
»Nicht wegen uns, wegen dem *stuff*«,
aber seine Worte gehen unter im Gebrüll, die HOBOS stürmen jetzt auf die Montagehalle zu, schlagen Zivilschützer nieder, ein Maschinist geht dazwischen, schlägt einem HOBO die Pistole aus der Hand, da ballert so ein SINDEL los und der Maschinist liegt tot am Boden, völlig zerfetzt.
Alles steht bockstill und Bruder Sebastian befiehlt den Brüdern und Schwestern, ruhig zu bleiben.
Der Dorfkommandant wiederholt den Befehl für seine Leute, und schon wärs vorbei.
Versagt hätte der Orden, nur weil fünfzig Idioten anmarschiert sind und die Grümschelgemeinden keine anständigen Waffen haben.

Wir wollen, dass es anders ausgeht:
Bruder Sebastian hat begriffen, dass da nur HOBOS vor ihm stehen und keine Soldaten, nur TUNTSCHEN mit den blauen Flecken im Gesicht, die er kennt aus der Zeit, als er schon einmal fast erschossen worden ist,
und er weiß: Wenn man kurz vor dem Verhungern einen KRÄSHKURS macht, dann hat man keine Ahnung – und Angst vor allem und jedem,
drum lässt Sebastian im richtigen Moment die Ratten los,
also,
zuerst stellt er sich brav und führt den fremden Chef in die Montagehalle, hinter ihm fünf HOBOS mit Waffen, die sie an

seinen Kopf halten, aber in der Halle fragt Sebastian: »Sie wissen doch, dass Sie alle sterben werden?«,
auf einem Bildschirm sind Kastoren zu sehen. Sie hätten bald von einem Maschinenarm hochgehoben und in die Verpackungszelle verschoben werden sollen,
»Sie wissen, dass die Kastoren alt sind und lecken?« fragt Sebastian weiter, aber der andere reagiert noch immer nicht, auf dem Bildschirm liegen die Kastoren nur da,
»Die wollen Sie wirklich mitnehmen?«,
der SCHISCHI-Chef nickt, schon etwas weniger zackig,
da sieht er auf dem Bildschirm, wie Ratten aus den Wänden kommen, aus irgendwelchen Löchern tippeln plötzlich diese Viecher auf die Behälter zu, klettern darauf herum, Sebastian sagt: »Das will ich Ihnen live zeigen«.
Ohne ein Wort zu sagen, gehen Chef und HOBOS hinter Sebastian her in den angrenzenden Raum mit großer Scheibe, durch die man direkt in die Halle blickt und sieht, dass da tatsächlich Ratten auf den Kastoren herumkraxeln und langsam die Farbe wechseln: Sie werden immer heller, glänzen, scheinen aus dem Bild zu fallen, so grell ist ihre Farbe, leuchtend pink wird das Fell der Ratten, die da klettern.
»Sie sterben nicht sofort«, sagt Sebastian, so stark sei die Strahlung nicht, sie werden aber verkrebst und sterben dann langsam,
die Ratten sind so gezüchtet, dass ihr Fell auf Strahlung reagiert,
»Schön sieht das nicht aus«, sagt Sebastian,
»Sind Ihre Anzüge gut getestet?«, fragt er besorgt,
der Chef sagt nichts, aber Sebastian spürt, dass der Druck auf seine Kopfhaut nachlässt, da zieht einer seine Knarre zurück, dann noch einer,
ein HOBO lässt sich nicht gern verarschen, stellt Sebastian erleichtert fest, schon sind die Knarren auf den SCHISCHI-Chef gerichtet, die HOBOS führen ihn vor die Halle und knallen ihn dort ab,

erschießen aus reinem Frust zwei Zivilschützer,
brüllen etwas Unverständliches und dann trabt der TUNTSCHEN-Trupp davon, irgendwohin, wo ihre Gleiter stehen oder die Busse, in denen sie gekommen sind.
Ob sich die Uniformen verhökern lassen, fragt sich Bruder Sebastian.

8.

Kurt hat uns ein seltsames Gerät mitgegeben. Es erinnert an den alten Hof. Tagein, tagaus steht es auf dem Herd: Ein zweiteiliger Espressokocher aus Aluminium, aber der untere Teil, in dem das Wasser heiß wird und verdampft, ist ausladend – viel zu groß für den schlanken oberen Teil, wo dunkel und mit leichtem Schaum bekränzt Kaffee aus einem Stift fließt. Wir können uns jeden Tag fragen, was für eine Laune den Maschinisten dazu bewegt haben mag, dieses kleine Monstrum zu bauen. Füllt man den Sockel ganz mit Wasser, fließt irgendwann dünner, schlechter Kaffee über die Ränder, der Deckel wird von steigender Flüssigkeit hochgehoben. Auf einer der Platten unseres elektrischen Campingherds perlt die Brühe dann zischend und verdampft endgültig.

Vielleicht hat Kurt vorausgesehen, dass wir uns zerstreuen, vervielfachen, uns auf verschiedene Kontinente verteilen. Ich, zum Beispiel, lebe mit drei andern in einem Personalzimmer: Keimzelle eines neuen Klosters. Hier vergehen die Tage langsam und sind von den Nächten nicht zu unterscheiden, das Monstrum auf dem Herd ist uns ein willkommener Anblick. Es erinnert an eine gute Zeit.

Wir werden die Arbeit wieder aufnehmen, denn ein Hof steht uns in Aussicht. Bis dahin dürfen wir keinen Alkohol trinken. Er würde uns schwermütig machen, wir könnten den Antrieb verlieren.

Im alten Steinbruch war das anders, dort war der Alkohol kein Problem. Ein Bier nach Feierabend gehörte für Ate Petra und für Kurt zur Arbeit. Als wir Neuen ankamen, mussten wir zuerst den Kuhstall ausbauen. Wir kamen zu zehnt; es waren alle froh, endlich da zu sein. Trotz Massenlager. Unsere Kammern nahmen dann schnell Gestalt an, im Studierzimmer war ein Gedränge, aber das störte niemanden. Zur Einweihung der neuen Betten legte Céline eine Nacht lang auf, wir tanzten in der Maschinenhalle, auch draußen zwischen den Felsen dröhnte es wie von Sirenen, die Bässe ließen kleine Föhren zittern. Ate Petra hatte die Schatzkiste geöffnet, damit Anatol Wodka in regelmäßigen Schüben servieren konnte. Kurz vor der Zerstreuung schrieb Kurt, der Maschinist, in die Ordensregel: »Alkohol schadet, wenn er am Arbeiten hindert.« Alle haben zugestimmt.

Hinter dieser Regel steht ein Satz von Kurts Lehrmeister, einem Elektriker, der mehrmals monatlich am frühen Morgen gebrummt haben soll: »Wer saufen kann, kann auch schaffen.« Er roch dann nach chemischen Lösungen, nach Labor und explosiver Luft.

Als Kurt im Sommer '16 seine Geschichte von VEZ erzählt hatte, brachen im Garten heftige Diskussionen aus. Die Ersten Fünf waren sich nicht einig, ob es am Orden sei, den Sinn und Unsinn der Endlagerung zu bewerten. Aber allen war klar, dass sie am nächsten Morgen um sechs aufstehen, nach draußen gehen und turnen würden. Sie rochen einander beim Frühstück, duschten ausgiebig und frischten sich auf, bevor sie im Studierzimmer die Lektionen begannen.

»Fragen, über die wir nicht entscheiden, gehen den Orden nichts an«, haben sie beschlossen und daran halten wir uns fest. Grundsatzdiskussionen können wir uns nicht leisten. »Wir bewahren das Wissen«, sagen wir uns vor. Der eigentliche Betrieb eines Lagers oder die Rettung im Notfall sind nur Hobbies. Das werden wir vielleicht einmal tun, können es aber nicht garantieren. Unsere Aufgabe ist es, Ruhe zu bewahren. Im Moment lernen wir wieder neue Sprachen, an verschiedenen Orten der Welt.

Während der Diskussion im Terrassengarten sprach Anatol von einem »großen Unvermögen«. Es fehlten Technikerinnen, Geologen, Ingenieurinnen, Programmierer, er soll gegen Gartenbau und Linguistik gewettert haben. Ate Petra versuchte zu beruhigen: Der Orden würde bald erweitert. Auch sie wollte wachsen und hatte uns schon am Draht. Bald würden wir einziehen und den Kuhstall ausbauen. Die berauschte Diskussion hat dem Orden nicht geschadet. In Petras Tagebuch steht sogar: »Es ist vorgekommen, dass ein gemeinsames Besäufnis im Klostergarten die Hoffnung stärkte, dass wir zu Wunderbarem fähig werden. Auf das Wunderbare sind wir angewiesen.«

Aus ihrem Tagebuch wird klar, dass man sich den Aufbau eines neuen Hofs nicht zu geradlinig vorstellen darf. Wir müssen Geduld haben. Es ist ein Trost, in diesem Tagebuch zu lesen. Im künstlichen Licht des Personalzimmers führt es zurück in den Wald, wo Pilze Spaziergänger erschreckten. Unheimlich schnell kamen sie im Herbst aus dem Boden: gräulich, glänzend und so schleimig, als seien sie eben erst, wie ein Tier, aus einer Larve geschossen, an einem einzigen Tag zur vollen Höhe angewachsen. So war das im Stammhaus: Nach den Lektionen sah man die Natur ganz anders. Körpergrenzen waren Definitionssache geworden. Die ganze Welt, ob Stein, Butterblume oder Anatol, stellte sich als Aneinanderreihung von Molekülen dar. Sie bildeten sich aus Atomen, die nicht klar begrenzt waren, bestanden aus Elektronen, Protonen, Neutronen, die sich ungeheuer schnell bewegten und tiefer in den Teilchen drin flogen weitere Teilchen – oder irgendwo, »tief« und »drin« und »fliegen« sind wahrscheinlich keine passenden Begriffe, jedes Wort wird zur falschen Metapher, aber die Wirkungen sind real, nur nicht berechenbar. Wie wirkt Caesium-137 auf die Zelle einer Leber, Jod-129 auf einen Fingernagel. Millionen von unterschiedlichen Reaktionen sind in Betracht zu ziehen. Wir versuchten uns vorzustellen, wie ein Atom zittert, wie sich Kleinstteilchen auslösen; der eigene Körper bestand im Innersten aus Leere, wurde uns klar, und in dieser Leere zogen Elektronen ihre Kreise. Es erschien plötzlich als Wunder, dass die allermeisten Moleküle kompakt blieben und aneinander festhielten. Schon stellte ich mir vor, dass eine Anziehungskraft erlosch und alles langsam auseinanderdriftete – mein Körper löste sich im Nebel auf. Die Leere stülpte sich von innen nach außen und winzige Teilchen verstärkten den Eindruck eines grauen Films in der Luft.

Als Ate Petra im ersten Juni nicht mehr wusste, wo sie anfing und wo sie endete, ging sie im Regen spazieren. Wasser floss über die Kopfhaut, die harte Schädeldecke, es bildeten sich kleine Bäche. Das Wasser floss zwischen den Haaren ab, den Nacken hinunter, dem Rückgrat entlang zum Steißbein in die Unterhose. Auch auf den Armen floss Wasser. Ate war klar begrenzt. Ich kann mir gut vorstellen, wie sie diesen Regen genoss.

Kurt war anders. Er hatte früh gelernt, mit Kräften umzugehen, die er nicht sah. Neuen, die nicht vom Fach waren, versuchte er beizubringen, dass es gute überlieferte Techniken gab. Man durfte ihnen vertrauen, auch wenn man sie nicht im Detail verstand. Es sei doch keine Hexerei, blaue von roten Kabeln zu unterscheiden, Plus von Minus, und sich genau zu merken, was der andere vormachte. Nur wenn man nicht bereit war, exakt zu imitieren, wurde es gefährlich.

Der Schmerz eines leichten Stromschlags hatte ihm als Lehrling genügt, um sich vorzustellen, was eine tödliche Dosis wäre. Ab sofort konnte er sich gut merken, welches Material leitete und welches nicht. Gummi und Eisen wurden zu einem Gegensatz, der alles neu sortierte.

Als Kind hatte er jahrelang aus dem Fenster eines Schulzimmers über seine Stadt geblickt. Über den Dächern bewegten sich Baukräne, je nach Wetter kamen die Hügel näher, manchmal standen Schneeberge dicht dahinter. Er fragte sich, was die Möwen vom See in die Stadt zog, was sie dazu trieb, tief in die Häuserschluchten abzusinken, zwischen Kaminen wieder aufzutauchen. Nach Schulschluss wollte er wissen, wo der neue Kran stand, der vor dem Fenster in der Ferne aufgetaucht war. Er kannte alle Baugruben, die untergründigen Verbindungen zwischen Häusern, die später selbständig erscheinen würden. Material lernte er kennen, indem er es aufschlitzte, brach oder zerschellen ließ. Man musste sich vor den Arbeitern in Acht nehmen. Sonntags war der beste Tag, um sich Rohbauten von innen anzusehen. Gefährlich wurde es, wenn er sich an einem verbotenen Ort vergaß. Es konnte ihm passieren, dass er aus den Innereien einer aufgeschlitzten Isoliermatte einen kleinen Teppich flocht. Manchmal überkam es ihn wie eine Sucht: Eine Arbeit ließ ihn nicht mehr los. Wo andere schreiend aus der Haut fuhren, weil sich die kleinen sperrigen Fasern der Isoliermatte an einer Fingerbeere festhakten, löste Kurt ganz langsam das Häkchen aus einer Hautrille seiner Daumenkuppe und drehte die Faser dann so, dass sie ganz glatt war, und er fuhr mit dem Flechten fort. Es war aber gefährlich, sich so sehr zu konzentrieren, dass der Wind im Dachstock verstummte, das Quietschen der Straßenbahn nicht mehr zu hören war oder die Schritte des Vorarbeiters, der auch sonntags ab und zu einen Kontrollgang machte. Kurts Eltern mussten sich verschulden, um die Isoliermatten bezahlen zu können, die ihr Sohn zerstört hatte.

Fortan ließen sie ihn ungern aus dem Haus. Die feine Fingerarbeit nahm überhand: Er widmete sich Kassettenrekordern und dem Haartrockner seiner Mutter. Es leuchtete ihm ein, dass dieses Gerät »Fön« hieß wie der Föhnwind, der von Süden kam und sich aufheizte, wenn er Tempo gewann. Rotglühende kleine Kabel waren dem Jungen ein Spektakel, bald brachte er sie dazu, sich schmelzend zu krümmen.

Es tut gut, einen Espressokocher mit Wasser zu füllen, aufzuheizen und dann den Kaffee zu riechen, kurz bevor er fertig ist. Der Espresso ist stärker als alle anderen Gerüche, die sich in unserer Kammer ausbreiten. Von Kurt haben wir gelernt, Kabel zu verlegen, um neue Steckdosen einzubauen. Wir haben berechnet, wie viel Strom fließen wird, Apparate gezählt, mögliche Schwachstellen vorhergesagt und vermieden. Für die Unterhaltungselektronik im Festsaal zogen wir einen eigenen Anschluss ein. Campingherde und Tauchsieder in den Schlafzimmern mussten wir untersagen. Wer nachts oder nachmittags einen persönlichen, einsamen Kaffee trinken wollte, sollte sich ins Einfamilienhaus begeben. In der Küche wurde nachts oft geflüstert. Man war dort selten allein.

Eines Nachts erzählte Kurt, dass er in der Schule immer irgendwie neben den Schuhen gewesen sei. Er stand auf, trat aus seinen staubigen Latschen und stellte sich neben sie hin. Dann wies er auf die Hausschuhe, als würde das alles erklären. Lehrerinnen hätten immer dahin geguckt, auf den leeren Raum über den Latschen. Das sei ihm erst aufgefallen, als junge Frauen begannen, ihm direkt ins Gesicht zu blicken. Sie mochten es, dass er sich nicht für klug hielt, aber etwas von Möwen erzählen konnte, dass er sich mit Starkstrom auskannte, aber nicht damit prahlte, und fähig war, im Dunkeln ganz langsam einen Büstenhalter zu öffnen. Als gefalle ihm dieser Teil des Vorspiels besonders gut. Auch allen möglichen Reißverschlüssen und Hosenknöpfen begegnete er mit Sorgfalt und Raffinement, das ging ruhig, aber schnell.

Kurt stand immer noch in Socken neben seinen Hausschuhen. Er war in die Küche gekommen, um Schnaps zu trinken. Goss auch etwas in unsern Tee. Wir fragten uns, wen er wohl vermisste. Als Einziger der Ersten Fünf hatte er ein Kind, eine Tochter. Sie war 17 und kam ab und zu vorbei. Die Kindsmutter haben wir nicht zu Gesicht bekommen.

Müsste ich eine »Vita von Kurt E.« schreiben, würde ich das Atomkraftwerk als Lehrmeister bezeichnen. Es erlöste den Stromer vom Kampf gegen den Konkurs. Die Winzelbetriebe, in denen er bisher gearbeitet hatte, kamen auf keinen grünen Zweig. Als er wieder einmal eine neue Stelle antrat und den Chef schon am zweiten Tag zu hassen begann, wollte er etwas Neues. Es musste einträglich sein, denn die Tochter war zur Welt gekommen. Bald krabbelte sie in der Wohnung herum und immer direkt auf die Steckdosen zu. Seine Freundin hatte eine Heidenangst davor und stürzte sich auf das Kind, kreischte manchmal fast. Kurt versuchte zu beruhigen. Es war ihm kein Rätsel, dass ein kleines Kind wissen wollte, was in jenen Löchern steckte. Das Kreischen der Mutter ließ alles noch viel aufregender erscheinen. Das plötzliche Licht über dem Tisch, das Wummern aus den schwarz bespannten Klötzen. In so einem zarten kleinen Körper musste das unheimlich vibrieren. Kurt wollte für diese Tochter mehr Geld verdienen. Da bewarb er sich beim Kraftwerk und ging wieder zur Schule. Das bezahlten sie ihm. Sie hielten ihn nicht für dumm. Im Kraftwerk mussten alle ständig zu Kursen, das begann ihm zu gefallen. Aber er bekam nicht mehr mit, wie zu Hause die Lust seiner Tochter an den Steckdosen erlosch. Eine Weile spielte er noch mit Puppen, wenn er heimkam. Sie reisten ans Meer. Gruben ein Loch in den Mount Everest. Aber gegen das Kraftwerk kam das alles nicht an. Hier hatte eine neue Zeit begonnen: Man dachte in klar definierten Schritten. Sie hörten ihm zu, wenn er Zweifel äußerte. Solange man kurz und präzise sprach, durfte alles gesagt werden. Vorsichtig denken war die Devise. Keine voreiligen Schlüsse ziehen. Fehler frühzeitig bemerken. So war das, als Kurt begann, nur noch in Zehnerpotenzen zu rechnen.

Die menschliche Organisation des Kraftwerks erschien ihm als zweite Maschine, als schönes System, das mit der Technik sauber zusammenspielte. Jedes Teil war von höchster Qualität, perfekt verschraubt, geölt, selbst der Reinigung lagen wissenschaftliche Erkenntnisse zugrunde. So musste es sein. Kurt hatte das Gefühl, in einer glänzenden Zukunft zu arbeiten. Aber seine Freundin versank in der Gegenwart. Sie wollte nichts wissen von der Thermodynamik, die Kurt studierte, von der Reaktorschutztafel und von Brennstäben. Als sie auszog, war er eine Weile wie benommen. Dann erschrak er darüber, wie wenig er sie vermisste.

Dass das Kind nicht mehr bei ihm war, wirkte sich aber ganz anders aus. Auch im Kraftwerk. Einige Routinen begannen leerzulaufen, beim Morgenrapport musste er sich anstrengen, um nicht abzuschweifen. Das freundliche Nachfragen eines Kollegen klang immer öfters hohl, angestrengt und eingeübt. Manchmal hörte er Geräusche falsch: Im ohrenbetäubenden Brummen des Maschinenraums war ein hohes Heulen eingeschlossen; ein maschinelles Schrillen oder Piepsen im Kontrollraum klang mit einem Mal menschlich, mädchenhaft. Es begann ihn zu ärgern, wenn jemand den Reaktor das »Herz der Anlage« nannte. Das hatte man sich doch abgewöhnt in den Kursen: Vergleiche mit alten Erfahrungen führten oft in die Irre. Sie stellten sich vor den echten Reaktor, den man noch immer nicht verstand. Man musste den Ingenieuren trauen, die bei schwierigen Fragen herbeieilten. Kurt stritt sich wieder mit einem Chef. Das war gefährlich, denn Konflikte konnten zu Fehlleistungen führen. Er musste zu Spezialgesprächen, quälenden Aussprachen. Da ließ er sich lieber nach Frankreich ausleihen, wo man lernen konnte, wie ein Kraftwerk abgebaut wird. Das war verheerend. Kurt hatte Leute anzulernen, die nicht einmal verstanden, was beim elektrischen Strom ein Plus und ein Minus ist. Schwitzende Burschen wurden in Mondanzügen in die leere Reaktorkammer geschickt, um sie auszuputzen. Auch Kurt stakte da herum, erlebte Fehler, wurde rasiert, ständig hörte er sein eigenes Schnauben, sein Herzrasen, wenn wieder etwas piepste. Monströse Sägen und Kranen waren am Werk. Was einmal geglänzt hatte wie eine Edelküche, täglich mehrmals geputzt wurde, damit jeder kleine Tropfen Öl, der nicht sein sollte, sofort zu erkennen war, all die Wände, Regale, Rohre und Gläser wurden lieblos zerteilt, verfärbten sich schnell, setzten Schmutz an. Im Abbruch sah die Anlage plötzlich uralt aus und verkommen.

Als Kurt nach Hause zurückkehrte, war er nicht duldsamer geworden. Er traute den menschlichen Abläufen weniger, die blanken Oberflächen seines Kraftwerks erschienen ihm als Konserven, billige Hüllen, unter denen sich rostende Monster verbargen. Er war nicht überrascht, als ein paar Hausinformatiker wütende Nachrichten versandten und das ganze Haus in Aufruhr geriet. Man sprach von Sicherheitslücken und Akkordanten, Informationen seien entwichen. Kurt machte nicht mit bei den »Antworten an alle«. Keine einzige Verdächtigung sprach er aus. Aber sein Gesicht war verschlossen geworden, er hielt alles für möglich und grinste immer im falschen Moment. Ein Vorgesetzter sah das als Gefahr. Das Vertrauen in die große Maschine müsse vorhanden sein. Schon saß Kurt in einem Gespräch und sah sich schlecht bewertet. Ungenügend. Dabei begann er, den Reaktor zu verstehen. In einer sehr persönlichen Art. Das konnte er nicht in Worte fassen, hörte sich die Bewertung schweigend an. Man stellte ihn vor die Wahl: Entweder er werde Hausmeister einer neuen Außenstelle und akzeptiere die Lohnkürzung oder er werde entlassen.

Mit Rücksicht auf die Alimente, die er zu zahlen hatte, willigte Kurt ein, in den alten Steinbruch zu ziehen, den er oft Schattenloch nannte. Dort traf er zu seiner Überraschung Frauen an. Betty mochte die alten Filme mit Jacky Chan, die ihm selber sehr lieb waren – und sie ließ sich geduldig in die Bedienung der Ölheizung einführen, machte dann vorsichtig eine Bemerkung zu seiner Haltung, nannte sie »tense«. Das verstand er nicht, aber sie meinte es gut, das war klar, er sprach gern Englisch mit ihr, weil sie jedes Wort langsam und deutlich formte. Als er begann, Kung Fu zu üben, verbesserte sich seine Haltung innerhalb von Wochen.

Der Reaktor fiel von ihm ab. Er musste nicht mehr ständig alles im Auge haben, Systeme abstimmen, den Morgenrapport durchstehen und jeden Zweifel mit andern teilen. Kurt entschied sich zu bleiben. Er wollte sich auf längere Zeiträume einstellen. Das akute Risiko habe ihn ausgelaugt. Alte Brennstäbe seien etwas Freundliches verglichen mit dem Reaktor, sagte er in einer Versammlung, als Hektik aufzukommen drohte. Man könne das Problem in Ruhe angehen. Und dazu fühle er sich verpflichtet.

Endlich war er selber Chef über alle technischen Anlagen. Es sei viel wert, nach oben zu kommen, sagte er eines Nachts in der Küche. Was uns erstaunte, denn die meisten von uns hatten einen guten Lohn aufgegeben und konnten jetzt im eigenen Zimmer nicht einmal Tee kochen.

Auch Anatol respektierte Kurts Amt als Maschinist. Das Simulatorium wurde ihre gemeinsame Baustelle, wo immer Sonntag war. Man konnte sich vollständig vergessen beim Arbeiten. Mit der Erweiterung kamen zwei Brüder dazu, die von Nukleartechnik mehr verstanden als Anatol. Ihre Erfahrungen brachten ihn auf neue Ideen, sie hatten in Japan gearbeitet und brachten geschützte Produktionsanleitungen mit. Sie hatten eine klare Vorstellung davon, wie ein Roboter funktionieren müsste, der bei hoher Strahlung nicht kollabiert. Mit der Fernsteuerung über Ganzkörperanzüge waren sie vertraut und führten Kurt in neue Anschlüsse, Übertragungen und Sonden ein. Um die Kavernen der Zukunft zu begehen, entwickelten unsere Maschinisten und Forscher virtuelle Tunnels. Wir bewegten uns alle darin. Und Anatol machte die Anlage zum Geldesel: An vielen Instituten und kleinen Universitäten fehlten die Maschinen und das Wissen, um Modelle zu programmieren, die eine tägliche Übung künftiger Aufgaben erlaubten. Nur wenige konnten die Welt, die sie sich ausgedacht hatten, wirklich betreten. Deshalb kauften sie sich Zeit in der Maschinenhalle und die Hilfe unserer Spezialisten. Ganze Belegschaften kamen ins Schattenloch, verschwanden in der Maschinenhalle und torkelten dann durchs hohe Gras, setzten sich benommen auf die unterste Terrasse im Garten. Wir beachteten sie kaum. Die Modelle, die sie bei uns testeten, hatten mit Atommüll nichts zu tun. Sie führten von unserem Auftrag weg. Aber sie brachten Geld. Drum war auch Ate Petra glücklich, dass das Simulatorium gut lief.

Aber Kurt haderte mit seinem, vielleicht mit unserm Leben, das war ganz deutlich in jener Nacht, als er neben seinen Latschen stand. Er vermisste etwas, jemanden oder ganz viel. In Frankreich war es ihm zuletzt passiert, dass der Duft von frischem Gebäck, am frühen Morgen, in sein übermüdetes Hirn fiel. Übermüdet und ausgedünnt war es, aber aufgereizt. Ein zarter Faden hielt ihn in der Nacht fest, die er mit den Jungspunden verbracht hatte, den Ignoranten. Er konnte ihnen ruhig zuschauen, wie sie sich austobten auf einem Billardtisch. Er mochte es, wie sie im Vollrausch die Hosen runterließen, immer nur rasch ihre Ärsche zeigten, vor Lachen auf die Knie fielen. Da saß eine Frau neben ihm, die er kaum kannte. Sie war nicht vom Abbruch und auch nicht mehr die Jüngste. Gemeinsam gingen sie weg, der Straße entlang auf kleinere Wege, an einen Fluss, bis sie dieses Gebäck in der Nase hatten. Es war wie im Traum: Ein Motel tauchte vor ihnen auf, out of nowhere. Französisch sprach er leidlich und verstand sehr genau, was sie wollte. Auf einem billigen Bett ließen sie die Hosen runter, als seien sie besoffene Jungs. Noch immer glucksend nahm sie seinen Schwanz in den Mund. In jenem Motel sei alles am richtigen Ort gewesen: Kissen, Pölsterchen, Fuckfinger. Ein tolles Aufbäumen vermisse er im Orden. Richtig zufrieden sei er hier noch nie in seine Matratze gesunken.

Ich vermute, dass Célines Französisch seine Unruhe gesteigert hat. Ihr Timbre war ihm vertraut, aber was sie im Studierzimmer erzählte, blieb ihm verschlossen. Syntaktische Muster schläferten ihn ein. Es war ihm einerlei, ob Subjekt oder Prädikat, sollten sich die Worte in Partikel auflösen und neu verbinden, zu irgendwas, er schätzte an diesen Lektionen nur die verstohlenen Blicke, die ihm Anatol zuwarf. Hier gehörten sie zusammen. Und ließen sich doch beide dazu verführen, am Morgen eine Basslinie zu brummen. Als Bodensatz für Célines Pentatonik. Fünf Klangmeuten, die sich überlagerten: Metallisches, Plätscherndes, ein Auflodern von Stimmen, Holzblöcke, Murmeln. Petra trommelte, Céline ließ ihre Maschinen nur leise knattern und zirpen. Damit öffnete sie den Kreis für Vögel, die plötzlich sangen, als seien sie vorgesehen. Céline sang am schönsten.

Kurt blieb auf Distanz, wenn sie mit ihm Hausdienst machte oder jätete. Der leere Ausdruck, der am Morgen, wenn er Célines Alt hörte, auf seinem Gesicht zu sehen war, passte schlecht zu dem Mann, den wir von der Maschinenhalle kannten oder vom Garten. Da waren Gefühle, die er in dieser Morgenstunde abkapselte – in einer kurzen, berückenden oder quälenden Melodie.

Als Petra und Céline wünschten, dass nach dem Abendessen alle gemeinsam in Klassikern lesen sollten, war Kurt nicht begeistert. Nach zwei Abenden erhob er Protest. Da ihn Betty und Anatol unterstützten, wurde diese Übung abgebrochen. Die Auswahl und Auslegung alter Bücher war fortan ein Spezialgebiet der Schriftgelehrten. Kurt zog sich am Abend allein in die Werkstatt zurück. Es schien ihm großes Vergnügen zu bereiten, kleine Dinge zu bauen, die falsch funktionierten oder einen Tick hatten. Sein Vergnügen war ansteckend. Wir lächeln immer noch, wenn jemand den falschen, den verflixten Espressokocher mit Wasser gefüllt hat und sich dann der Deckel leise hebt, dünner Kaffee überläuft.

– »Macht nichts«, sagt eine neue Schwester und hebt kurz den Kopf über ihren Bildschirm.

– »Nicht so schlimm.«

– »Kann mal passieren.«

Wenn er nüchtern war, hat Kurt solche Sätze ausgesprochen, als würde er uns leise und heiter verkünden: »Fürchtet Euch nicht!«

Dass er im ersten Sommer bei Wein und Abendsonne ein Horrorszenario präsentierte, kam überraschend. Von ihm hätten die Pioniere mehr Zuversicht erwartet. Er sah da keinen Widerspruch: Man müsse sich die schlimmsten Möglichkeiten ausdenken, um die richtigen Vorkehrungen zu treffen. Nur so wachse Zuversicht.

– »Nur zu«, sagte Ate, aber sie war doch froh, dass die Perseiden kurz bevorstanden. Auf allen Kanälen wurde ein »Sternschnuppenregen« angekündet. Mitte August verließen die Pioniere um halb zwölf Uhr nachts das

Schattenloch und gingen den Waldrand entlang, hinunter in die Ebene auf eine kleine, baumlose Erhöhung. Dort breiteten sie Decken aus, legten sich nebeneinander hin und blickten in den Himmel. Der war nur im Zenit ganz dunkel. Die Ränder rundum waren erleuchtet, als sei diese Ebene von Großstädten umgeben. Eine Weile schienen sich die Ansichten im Kopf zu drehen, in einer verkehrten Welt, die sie gemeinsam musterten; lange warteten sie, bis erstmals jemand leise juchzte. Céline hatte eine leuchtende Spur gesehen. Aber nur sie, weil sie nicht in die empfohlene Richtung blickte. Erst als eine Sternschnuppe vor aller Augen auftauchte und so nah an der Erde verglühte, dass sie gelb wurde und dann rot, glaubten alle, dass sie etwas Besonderes erlebten. Zwillingsschnuppen sausten vorbei und je mehr Lichter sich am Firmament bewegten, umso stiller wurden die Pioniere. Es blieb aber stets genug Zeit zum Atmen zwischen zwei Schnuppen, sie kamen in lockerer, unregelmäßiger Folge. Weder Zeitpunkt, Ort noch Richtung waren vorherzusehen. Anatol servierte warmen Tee und Gebäck. Betty vermutete im tagalischen Ausdruck »nahuhulog na bituin« eine Übersetzung des englischen »falling star«, für einmal wäre ihr der spanische Ausdruck »estrella fugaz« lieber gewesen: ein fliehender Stern. Und noch lieber hätte sie gewusst, wie die Sternschnuppen hießen, als die Spanier noch nicht auf dem philippinischen Archipel gelandet waren, als malaiische Seefahrer die ersten Bewohner in die Berge verdrängten: Vielleicht hatten sie auf ihren Riesenkanus von blitzenden oder tanzenden Sternen gesprochen, von Pfeilen, die durchs All schossen oder von einem irrenden Himmelsfisch. Obwohl es kühl wurde in jener Nacht, wollte niemand nach Hause. Sie wickelten sich fester in ihre Decken ein und forderten Ate Petra auf, eine frohe Geschichte aus der Zukunft zu erzählen.

Geheimer Brüter

Ein Szenario, erzählt von Ate Petra
in einer kühlen Sommernacht
des Jahres '16
mit Blick auf den bewegten Sternenhimmel

Die Stadt wird freundlich sein und der Stadtrat wird dem Orden Wasser zuteilen, auch wenn der Sommer nicht enden will –
wie in manchem Jahr –
im Juli verliert der Wind jede Frische, trocken raut er den Boden auf, bläst Staub von den Stoppelfeldern. Auf den Waldwegen liegen weiße Daunen und Schwanzfedern, als würden ständig Vögel gerupft – oder Nester geplündert, vielleicht auch nur entrümpelt. Ganz in der Nähe kreischen die Jungen eines Bussards, als wollten sie uns warnen. In großer Verzweiflung werden sie sich auf jede Maus stürzen und kleine tapsige Amseln jagen –
das ist alles nicht schlimm, so geht das jedes Jahr, wenn die Hundswochen einen Wüstensturm erahnen lassen, aber von den Dächern fließt Wasser in die Treppenhäuser der Stadt. Sie ist ein einziges verzweigtes Gebäude geworden. In Brücken- und Turmbauten erhebt sie sich aus dem Wald, den sie in sich aufgenommen hat; da tropft es von den Balkonen, wo es soll, sprenkelt über Beeten, das Wasser verlässt die Badewannen, wo sich Stinkfüße versammeln, auch die nass geschwitzten Oberkörper und Achselhöhlen, es tränkt Pflanzen, die das Salz menschlicher Haut vertragen, und Trinkwasser fließt, genug für alle –
auch der Orden wird beliefert. Er siedelt am Rand der Stadt, in einem Loch – seit langem. Er war schon da, als die Stadt noch aus vielen kleinen Städten und Dörfern bestand, als sie ihre

Arme und Tentakel nicht ums Ackerland legte, die Verkehrswege nicht überdacht und behaust waren. Je näher die bebauten Streifen dem Schattenloch kamen, umso tiefer in die Erde grub der Orden. Seine Arbeitsräume liegen unter dem Boden. Sichtbar für alle stehen nur Holzhütten auf Pfählen im Wald, die Dächer sind aus Stroh und leichte Schiebetüren verbinden die Innenräume mit Terrassen. Zwischen den hohen Föhren, die das Schattenloch überwachsen haben, lagern wir zu Lektionen.

Felsenfest oder federleicht sind die Bauten in jener Zeit. Entweder sind sie massiv, damit sie allen Stürmen und Bränden trotzen, oder dann fallen sie ganz leicht und gehen schnell in Flammen auf. Niemanden wird das überraschen. In wenigen Tagen sind die Hütten wieder aufgebaut. Der Orden wird sich für ein federleichtes Leben im Sommer und für das Verborgene entschieden haben. Der Stadt gehört er an wie ein lockerer Vorbau, eine Gartenkolonie mit Anbindung an die öffentlichen Fußgängerbrücken und Grotten, auch ans Wassernetz, damit wir zu trinken haben. Dreißig Münder. Wir werden durstig erwachen in Hängematten, Mattenländern und Kojen –
dem Stadtrat melden wir: Das Wasser ist köstlich. Vielen Dank auch für den Extrastrom –
sie werden uns weiter eingeplant haben, die Messgeräte und alle anderen Maschinen des Ordens werden weitere drei Jahre ungehindert laufen. Wir werden Nachrichten aus dem Untergrund lesen: Im Endlager ist alles in Ordnung. Die Hitze nimmt in den Kavernen langsam ab. Der Opalinuston ist nicht trockener geworden, die Hitze macht ihn nicht spröd. Trotzdem gehen die Messungen weiter, Laienbrüder und -schwestern aus allen Tentakeln der Stadt senden Proben von Flusswasser, Milch und Pilzen. Das Labor unseres Ordens ist die letzte verbliebene Stelle, die jedes Element erkennt, das im Land vergraben worden ist, das sich im Wasser gelöst haben oder in eine Kartoffel geraten sein könnte. Im Stadtrat wird aber gepöbelt: »Extrawurst!« »Verschwender!« –

der Orden ist kurios geworden – in eine Altmode gefallen, sagen Stadträte, denn alte französische Wendungen geistern durch die Sprache dieses Parlaments, Sprichwörter werden neu erfunden, aus weiteren Sprachen anverwandt, denn dieser Stadtrat sieht sich gern als krönende Versammlung einer Hafenstadt, er wähnt sich am Ozean, zelebriert eine Ahnenreihe, die das Land ums Schattenloch mit Venedig und Ragusa, Hamburg und Beirut, Genua und Singapur, New York, Acapulco und Schanghai verbindet, ein Knotenpunkt sei diese Stadt schon immer gewesen –

»Abfall?«

»Müll?«

»Ihr seid ein Blinddarm, Ihr müsst weg«, sagen Pöbler im Rat – zum Glück überlassen sie das Praktische einer Leitungsgruppe, die einmal Ausschuss hieß, das erinnerte aber an Müll, bald setzte sich die Bezeichnung Stab durch, denn es war einmal ein Krisenstab und der machte einen guten Eindruck –

»Dein Stecken und Stab tröstet mich«, frotzeln Brüder und Schwestern, die sich in alten Schriften auskennen –

aber sie akzeptieren die Autorität, die im Praktischen gründet. Der Stab führt das öffentliche Leben der Stadt, dirigiert ausführende Organe, die halten die Netze intakt: Wasser, Strom, Nachrichten, die Elemente der Produktion –

der Orden ist als Körperschaft anerkannt und finanziert sich weitgehend selbst, aber eben nur weitgehend, Strom und Wasser sind mit Geld nicht mehr zu kaufen, der Orden braucht eine Quote, eine ziemlich hohe, wegen des Maschinenparks und der Außenstelle, deshalb muss die große Schwester, die der Haus- und Betriebswirtschaft vorsteht, freundlich sein im Stadtrat und dem Stab immer schön Danke sagen –

auch außerhalb des Ordens wird sie mit Ate angesprochen, dieser Titel hat sich gehalten –

meine Nach-Nach-Nachfolgerin wird das also sein; manchmal fehlt sie beim morgendlichen Turnen unter den Föhren, weil sie im Wanderschlaf den Orden verlassen hat, sie gehört zu

den Halbschläferinnen, die viel Platz brauchen, wenn sie von Bildern gejagt werden und von Sorgen –
in dieser Zukunft geht nichts über ein gepflegtes Einbetten und Ausdösen; einen guten Schlaf zu haben, gilt als größter Reichtum; in allen Städten, Häfen und auf allen Inseln der Welt wird dem Tiefschlaf gehuldigt. Was ihn bedroht, wird eingedämmt von den Räten, die sich weltweit verbunden haben, um die Netze zu regeln –
in guten Nächten verkrault sich die künftige Ate, sie kapselt sich dann ein und faltet sich langsam auf, in ausgreifenden Träumen öffnet sie sich sanft oder heftig, auch dann reicht ihr ein Bett nicht aus – für den Knospenschlaf braucht sie ein Meer von Kissen, das liegt tief im Bauch der Stadt, weit verstreut liegen dort die Schläferinnen; Matten werden ausgerollt, warm ist es immer in diesen Höhlen –
im Winter übt der Stadtrat Druck aus, nachts die oberirdischen Stadtteile zu verlassen, auf das einsame Schlafen in geheizten Kojen zu verzichten – dann kanns eng werden in den Höhlen, in solchen Nächten bleibt Ate lieber im Orden, zieht sich in eine Schlafzelle bei der Maschinenhalle zurück, schlummert im leisen Rattern und Vibrieren, das an Dampfer erinnert –
der Stadtrat stellt auch Ansprüche an den Orden: Schulkinder werden in den Föhrenwald geschickt, damit sie das Altmodische lernen; nachts verloren gehen, zum Beispiel, nur mit einem Kompass und einer Uhr bewaffnet und einem geschulten Blick für den Sternenhimmel, auch mit der Erinnerung an malaiische Seefahrer, Kanus, die auf den offenen Ozean hinausfahren und Inseln entdecken. Die Kinder sollen sich orientieren können und nach Hause finden. Bisher haben sie das noch immer geschafft. Sie sind fit, die Kinder, die sie dem Orden schicken, sie passen aufeinander auf. Man kann sie in Ruhe irren lassen. Den Drachen zwischen Schwan und Großem Bär benennen sie babylonisch, sehen eine Riesenschlange, vom Helden in zwei Stücke gehauen: ein Rund für den Himmel, ein Rund für die Erde. Wenn sie nach Hause kommen, haben sie

eine Ewigkeit überstanden, stürzen sich aufs Frühstück, das sie noch nie so früh genossen haben –

in der Welt, in der sie aufwachsen, wird dem Schlaf keine Gewalt angetan. Wer wollte seinen Reichtum mutwillig mindern. Ein Vermögen wird für gut belüftete, im Fels oder am Wasser gekühlte Schlafräume ausgegeben, für schmeichelndes Bettzeug, Hängematten, Matratzen und Unterlagen aller Art – man streitet sich zwischen Hart- und Weichschläfern. Mit Misstrauen betrachtet der Stadtrat junge Leute, die mit dem Schlafentzug spielen. Sie wollen auch am Tag plötzlich eindösen, also die Nacht in den Tag retten; den Minutenschlaf genießen sie als Lustschmerz. Ein Irrweg sei das, sagt der Rat, und warnt auch davor, das Herzholpern zu kultivieren, ein leichtes Aussetzen des Atems beim Hinlegen. In allen Städten und auf allen Inseln soll der Schlaf tief und kernig sein. Und am Morgen flimmern die Augen. Dann wollen die Kinder erzählen, was nachts geschah – das Frühstück verwandeln sie in ein Schauspiel. Jedes gibt etwas zum Besten. Das lassen wir über uns ergehen, sagen aber: »Schön ist auch, wenn man früh aufsteht, um den Tag voll zu nutzen.« Sie lächeln verlegen, etwas mitleidig –

in der Zukunft, von der ich hier erzähle, werden unsere Brüder und Schwestern alte Gäule sein, die es nicht lassen können: Früh ins Bett, früh aus den Federn, wie gerupfte Biester werden sie noch immer in den Tag springen und die Luft schlagen, ein und auspusten, die Kinder bringen ihnen die neusten Worte bei, die aufgesogen werden von der Inselsprache, diesem unersättlichen Getriebe –

in der Stadt kreuzen sich tatsächlich Handelsrouten, da kommt immer viel zusammen, die Sprache saugt sich mit Wörtern voll, die von weit herkommen. Ein großer See begrenzt die Stadt im Norden, der Stadtrat verklärt ihn gern zum Meer; wer am Hafen wohnt, will weg, und wer wo anders ist, träumt von einer Insel, von fernen Bergen, von neuen Häfen, vielleicht von diesem. So werden wir uns das Geläuf und Gewander erklären, die Fuhrstrecken, Schnellzüge und die Renaissance der Passagierschiffe. Da steht nichts still, es sei denn nachts, wenn die Dampfer auf dem Meer von allein fahren und die Wagen anhalten, denn auch Händler und Triebwagenführerinnen schätzen den Schlaf über alles und wollen auf guten Matten liegen. Mit Herbergen kann man anständig verdienen, das spielt auch dem Orden etwas Geld ein. Grasdachhütten im Föhrenwald sind gefragte Bleiben, ein Schattenloch im Hochsommer sehr beliebt. Von den Gästen hören wir neue Worte, noch bevor sie zur Mode geworden sind – wir können französische Wortkerne malaiisch konjugieren, japanisch-persische Schachtelwörter bilden. Das Wissen von heute, das wir den Künftigen vermitteln, muss mit einer Spielanleitung versehen werden. Damit sie die Sprachen, die in den Häfen sprudeln, entschlüsseln können. Wir haben viel zu tun und verdichten die Tage, denn abends wird alles ruhig, Kontinente und Meere werden dunkel. Uns erscheint es seltsam, dass die Kinder in der Schule lernen: »Inseln und Häfen leuchten wie die Sterne am Himmel«. Sie nennen den weltweiten Verbund einen Archipel und sehen ihn am Nachthimmel gespiegelt –

sie sollen ihre Welt lieben und bewundern, in unpassenden Metaphern besingen. Auch wenn das heißt, dass sie den Orden vielleicht einmal loswerden wollen und pöbeln im Rat: »Material verscharren? Das ist doch alles noch irgendwie zu gebrauchen!« –

in den Städten werfen sie überhaupt nichts mehr weg und denken nicht in Kreisläufen, das wäre zu einfach, alle Dinge sind durch Schlaufen verbunden, die sich immer irgendwo weiter winden, eine Verschlingung von Operationen verbindet die Städte weltweit – da wird veredelt, umgeschmolzen, vergoren, diffundiert, verkuppelt und ausgedünnt in einem tausendfach verzweigten Band aus Handelswegen und Produktionsketten, da werden Bestandteile geliefert, geschliffen und neu verlötet – die Stadt ums Schattenloch betreibt zahlreiche Schmelzanlagen, aber auch deren Quote ist umstritten –

jedes Material, das in Umlauf kommt, muss vom weltweiten Verbund der Stadt- und Inselräte bewilligt sein. Eine sagenhaft mächtige Behörde des Archipels entscheidet: Ist das schlauftauglich? Wird das ewig in Bewegung bleiben? Was einmal bewilligt ist, nimmt dann ungeahnte Wege –
Switchmen nennen sich die Mitglieder jener sagenhaften Behörde. Ein Wort wie aus Marmor, urtümlich. Auf der ganzen Welt werden sie ausgebildet, an den besten Schulen, um dann die Prüfstellen zu führen, die Weichen zu stellen. Nur wenige Jahre dienen sie an einem Ort, werden weitergeschickt, um sich nicht zu verbandeln. Überall bleiben sie Gäste. Wenn sie ans Schattenloch kommen, steigen sie gerne im Orden ab –
Zwischen den Switchmen und dem Orden der Trasher hat sich eine unverbürgte Allianz ergeben. Wir leben beide versetzt, auch die reisenden Kontrolleure der Produktionsstoffe gründen selten Familien, sie widmen sich ganz ihrer Aufgabe. Wohnen als Geistesverwandte in unseren Herbergen – weltweit. Die Weichenwärter sind mit uns einig, dass der Atommüll nicht neu verwertet werden kann. Sie stehen uns bei, wenn wir dem Stadtrat erklären: Unsere Fracht wird die Schlaufen nicht beleben, sondern gefährlich machen – da könnt ihr noch so lange umhüllen und verdünnen, irgendetwas kann immer abgezweigt werden, ein kleiner Fehler passiert und schon ist das Ding nicht mehr im Schiffsmotor sondern im Baumaterial, schon strahlt ein Teddybär; lasst das mal. Dieser Müll wird seinen Namen nicht abschütteln, den könnt ihr nicht zum Laufen bringen –
hilfreich ist, wenn irgendwo ein Zähler piepst, wo er nicht sollte. Auch in den Proben, die dem Orden gesandt werden. Man muss ab und zu Alarm schlagen, dann wollen die Leute plötzlich wieder wissen, was da einmal war: Dass man im großen Stil strahlendes Material produziert hat; in Anlagen, die dem Orden eine Mega-Quote abverlangen würden, da müssten mehrere Städte gemeinsam eine Ausnahme bewilligen, um so etwas loszutreten –

die Kinder interessiert das nicht, die wollen sich neue Schlaufen ausdenken, die Stadt als Wasserspiel, neue Hebel und Übersetzungen, Nanoteilchen, neue Pflanzen und Verbindungen, ein weltweites feines Vibrieren: Einfache Kräfte werden multipliziert. Ein Knirps sagt zur künftigen Ate: »Insekten sind die modernsten Tiere.« Ate will ihn belehren und spricht von der Evolution, Insekten seien uralt. »Macht nichts«, sagt der Knirps, »Niemand kann so hoch über sich hinausspringen. Das werden wir auch hinkriegen ... wir werden so modern sein wie die Grashüpfer« –

kaum erwachsen, werden sie den Schmelzprodukten und den Säften nachreisen, die ihre Eltern hier produzieren: Jahrelang werden sie verschwinden, von Hafen zu Hafen reisen, irgendwo hängenbleiben oder zurückkommen. Einige wollen ausbrechen und reich werden. Sie träumen von einem großen Schiff, das ihnen allein gehört. Weil man den Reichen keinen Boden lässt, breiten die sich auf dem Meer aus. Sie sind ein Spektakel: Vor den richtig großen Häfen, auf dem echten Meer sind die Wunderholks zu sehen. In kleinen Bötchen fährt die Hafenjugend hinaus, um die Pracht zu besichtigen. Nicht mehr nur breitbödig, wie die alten Holks und Koggen, sondern auslandend liegen Wunderschiffe auf den Wellen – einem Park gleich erheben sich schwimmende Schlösser, goldglänzende Türmchen, da flanieren Besitzerinnen und Besitzer ungesehen – sie haben sich einen Garten Eden geschaffen und werden von Leuten bedient, die nichts geben auf ihre Stimme in einem Rat oder auf den Schlaf der Freien: Sie rackern sich ab für Geld und fahren als Mägde im Wundergarten um die Welt –

draußen vor den Häfen wird geladen, was die Reichen, ihre Mägde und Knechte zu gut haben: Wasser, Proteinpulver, Kohlehydrat. Was zu kaufen ist, wird gekauft: Früchte, Gemüse und Amüsiervögel. Turngeräte. Segler. Künstlerinnen und Artisten. Alles für die Gesundheit. Sende- und Empfangsgeräte. Sie sollen sich nicht langweilen auf der Wunderholk. Große Firmen werden durch die Luft regiert. Kommandos erreichen auch Angestellte in unserer Stadt. Sie lächeln den Brüdern und Schwestern zu, wenn sie ihnen in einem Stadtflur begegnen, als gehörten Holks und Orden zur selben Welt –

die große Schwester, die in dieser Zukunft die Kasse des Ordens verwaltet, fühlt sich den Holks aber nicht verbunden, sie könnte sich vorstellen, dass der Orden ganz in der Stadt aufgeht, das wäre ihr lieber als immer etwas abseits zu stehen, sie möchte gern absolut dazugehören zur Zukunft, die so froh ist, wie es nur geht –

und weil wir hier, im Jahr '16, leicht fröstelnd unter Sternschnuppen liegen, weil wir uns etwas wünschen dürfen, will ich erzählen, dass in jener Zukunft die Waffen verschwunden sind; der Archipel hat sie verboten –

bevor alles bachab ging, wurde den meisten klar: Jetzt darf nicht mehr geschossen werden. Sonst bringen wir uns alle gegenseitig um. Die meisten strömten zusammen und hörten, dass überall die Arsenale fielen, in allen Ländern fast gleichzeitig, ein Feuerwerk sondergleichen erhellte die Nächte, die letzte verrückte Verschwendung: Sie feuerten die Munition, die noch da war, ab, als könnten sie den Krieg, Banditen und Milizen für immer aus der Welt schießen. In Massen leerten sie die Waffenhallen, auch die privaten. Der Orden nahm weltweit die Atombomben in Gewahrsam, bis auch sie entschärft, demontiert und unter dem Boden waren. Viele Soldaten und Polizisten hatten die Schnauze voll. Da sollte niemand mehr kommen und Quellen erobern, Boden besetzen, Leuten den Schlaf rauben. Die Räte konnten auf Dauer nur regieren, wenn die Waffen eingeschmolzen wurden, umgebaut, in die Schlaufen geschickt als kräftige neue Bestandteile des Wohlstands. Der wuchs dann auch prächtig. Häuser und Dörfer verbanden sich zu vielgliedrigen Städten, dazwischen gediehen die Pflanzungen, auch in den Städten wuchs Gemüse und Wald, jede Insel trieb neue Sorten aus dem Boden: Man zog Früchte in rauen Mengen, Säfte und Brände flossen, ein Schlaraffenland sollte das werden. Man setzte alles daran, die Wunderholks zu übertrumpfen. Schließlich hatten auch die neuen Inseln und Städte schwimmend begonnen, an einem Tiefpunkt: Im Golf von Bengalen waren Millionen auf der Flucht gewesen vor den Wellen und niemand wollte sie aufnehmen. Da besetzten Flüchtende den Flugzeugträger Xin Tian San, sie belebten ihn. Die Besatzung nahm die Schwimmenden trotz Verboten auf, weitere Schiffbrüchige und Verzweifelte kamen dazu. Bäuerinnen waren darunter, auch Architekten und Ingenieurinnen, Schlosser – wer fehlte, wurde eingeflogen, die Nachricht ging um die Welt: Der Flugzeugträger Xin Tian San hat sich zur Insel erklärt. Hier beginnt ein neuer Verbund. Die Insel produziert Süßwasser und Humus, hier wird für die Zukunft verdaut. Kluge Leute sind hier am Werk und machen alles neu, der Inselrat muss bald Pässe bewilligen für Ausreißer, die auch dabei sein wollen beim schwimmenden Frieden. Das geht nicht lange gut, denn die Tragfläche ist begrenzt: »Ihr sollt eure eignen Inseln gründen, wo Ihr auch seid! Öffnet neue Häfen!« – der Ruf wird gehört – er ist erwartet worden. Es hat Vorläufer gegeben, Komitees und Kontakte; Clubs, Damenchöre, Fangemeinden, Soldatenkomitees, erstarrte Sektionen und Ketzerbünde standen kurz davor, zu mutieren. Es gab Leute, die mit der Entwaffnung bereits Erfahrung hatten. Der weltweite Umsturz dauerte nicht lang, schon ging er Ort für Ort in Geduld über. Es konnte weiter erfunden werden. So ist auch der Orden mit seinem Endlager unter einen Hafen geraten, unter eine Stadt, die sich im ersten Überschwang als Insel bezeichnet hat.

Wie die Überschwemmungen noch zu vermeiden wären, kann ich mir nicht vorstellen. Und geruhsam wird das nicht werden, die Jugend will sich nicht langweilen. Eine Schlaufenwirtschaft wird auf Erfindungen angewiesen sein, auf das Rumoren und Hochkochen in den Räten, auf wegweisende Gerichtsfälle, denn immer stellen sich neue Fragen. Der Orden teilt die herrschende Überzeugung, dass ein optimales Spannungsverhält-

nis anzustreben sei: Aufregung und Ruhe, Streit und Einheit, Struktur und Unordnung werden aufeinander einwirken, die Welt in Schwingung versetzen und die Produktion antreiben. Niemand wird verhungern oder erfrieren.
Aber Ate wird sich selten sorgenfrei betten. Sie ist mit jeder Nervenfaser an die Debatten des Stadtrats gekoppelt. Bahnt sich ein Konflikt an, dringt er in sie ein. Jede Verhandlung mit dem Stab bereitet sie in nächtelang ausgedachten Varianten vor, dann wälzt sie sich im Bett –
was ihr aber vollends den Schlaf raubt, ist eine Probe, die eines Tages geliefert wird. Das Labor sagt, sie enthalte Strontium-90. Wie wir wissen, ist Strontium-90 schon im Urknall verschwunden, es hat gar nicht wirklich existiert, im Ursumpf spielte es keine Rolle und im Wald, aus dem sich die Affen in die Savanne schwangen. Erst in Bomben und Reaktoren wurde Strontium-90 dann produziert, aber es verfällt recht schnell. In Zukunft wird man diese Zahlen nur noch im Orden auswendig wissen: Nach 28 Komma 78 Jahren ist die Hälfte weg. In etwa 290 Jahren findet sich kaum mehr etwas davon. Soweit werden wir aber noch nicht sein, es sind erst 140 Jahre vergangen, wenn die künftige Ate die Meldung erhält, ein Laienbruder habe Strontium-90 in einem Ziegenkäse gemessen. Sie weiß dann: Entweder leckt eine Kaverne oder da hat jemand neu zu spalten begonnen. Auf einer Wunderholk, vielleicht –
eine dritte Möglichkeit führt in die Außenstation des Ordens, eine Enklave zwischen Felswänden, daran will sie nicht denken, denn die Konsequenzen wären katastrophal –
was sie nicht denken will, treibt sie nachts aus der Grasdachhütte. Sie ist es gewohnt, lange wach zu liegen, das quält sie nicht immer, manchmal genießt sie die zitternde Süße im Körper – wenn sich Wellen zu kringeln beginnen und Wirbel werfen, ein wohliges Vorgefühl auf den Schlaf, der jetzt dann gleich hereinbricht – die Wirbel können ewig dauern, Ate treibt dann gern in ihnen, entkommt dabei dem Schlaf, der ausgesetzt bleibt in der Lust dieses Vorgefühls, dem zarten Strudeln –

quälend sind nur die Gedanken, die das Treiben unterbrechen und Ate auffahren lassen, wie Schwerter fallen sie in die Wirbel ein – schneidend trifft sie der Verdacht, dass mit dem Ziegenkäse das Ende des Ordens begonnen hat –
eigentlich müsste sie Alarm schlagen: »Meine Damen und Herren, ein Betastrahler!« –
die Mitglieder des Stabs würden leer blicken. Spaltung und Strahlung haben sie nur noch der Spur nach gelernt, in mikroskopischen oder kosmischen Dimensionen, theoretisch also – die Sonne ist eine große Wasserstoffbombe, wir leben alle von Strahlung, das sagt sich leicht, aber niemand hat wirklich eine Ahnung, wovon wir reden, im Detail, das heißt, in der entscheidenden Größenordnung –
Ate wird diesem Stab mühsam erklären müssen, dass sich Strontium wie Kalzium verhält und die Knochen sucht, dass ein winziges Strontium-Nuklid, wenn es durch die Milch kommt, recht lang im Körper bleiben kann, dort nicht weit ausstrahlt, dafür heftig, Moleküle zerfetzt, um es grob zu sagen, und Atome zu Kapriolen reizt, zu Veränderungen der DNA, ausgerechnet im Knochenmark, wo Blut gebildet wird, das heißt zum Beispiel: Leukämie. Vielleicht auch nicht. Der Vorstand wird nicht einsehen wollen, dass auch der Orden nicht genau vorhersagen kann, was wo passiert und wieder heilt und was nicht, wer Glück oder Pech hat – dass es aber sicher ein paar Leute treffen wird, wahrscheinlich Kinder –
die Mitglieder des Stabs werden wild phantasieren: »Terror! Da will jemand allgemeine Angst verbreiten!« –
»Nein«, wird Ate sagen, »wohl eher Nachlässigkeit. Aber wir müssen Ziegen untersuchen und das Gras, die Brombeeren, alle Stauden, die sie gegessen haben, das Wasser, das durch die Wurzeln aus dem Boden kommt. Wars der Regen? Oder das Grundwasser? Wir müssen warnen …« –
der Stab wird zögern: »Bitte nicht unnötig! Es ist schon genug Unruhe. Bitte noch nicht den Stadtrat informieren. Erstmal sichere Fakten …« –

noch ist es dunkel und die Stadt schläft. Ate hat ihre Kammer verlassen, um ein Schlaflied zu finden. Es gibt Kojen im Bauch der Stadt, wo Sensoren den Atem aufnehmen und musikalisch zurückspielen – Atem und Musik gehen in denselben Rhythmus über, der immer langsamer wird, dafür ist technisch gesorgt, auch die Schwerter im Kopf sollten sanfter werden – in ihrer liebsten Koje liegen schon andere. Das Wort Beischläfer hat in dieser Zukunft eine neue Bedeutung gewonnen. Man findet sich im selben Schlaflied oder in belebteren Sälen und Winkeln, auf unterschiedlichsten Matten – *»denn es ist nicht nur ein Knospen und Seufzen, auch ein Herzen und Bauchen, ein Brüsten …«*, lernen die Kinder in der Schule, aber Ate zieht Schlafplätze vor, wo sie zur Ruhe kommt –
das Schlaflied wirkt und sie träumt: Nackt ist sie in einem dunklen Flur unterwegs. Alle schlafen und doch fehlen ihr die Kleider schmerzlich, sie möchte am liebsten in der eigenen Haut verschwinden. Scheiße klebt ihr an einer Hand und es wird ihr übel vor Angst, gleich könnten die Lichter angehen und Schläferinnen aus Bullaugen glotzen. Sie werden mit Fingern zeigen. Sauberen Fingern. Das träumt Ate nicht zum ersten Mal und sie ist nicht allein mit der Scham, davon träumen sogar Kinder, die im Orden frühstücken, aber in dieser Nacht ist die Scheiße an der Hand besonders eklig. Sie beginnt zu wachsen, bildet Blasen und gleicht einer stinkenden Mousse, einem Schaumgebilde, das gleich platzen wird –
Ate erwacht im Gefühl, es gebe keinen Ausweg –
die Sommerhitze lastet auf allem, schon beim Morgenturnen, sie lässt sich nicht ausschwitzen, eine düstere Ahnung verschlingt sich wie die Produktionsketten des Archipels: Jede Sorge, die Ate einmal losgelassen hat, kommt wieder zurück, nichts geht verloren, alle paar Minuten grüßt die Mahnung, dass sie verantwortlich ist –
sie müsste sofort eine Versammlung einberufen, außer Termin: »Strontium-90«, müsste sie sagen, »in einem Ziegenkäse«, und die Gefahr wäre allen bewusst: Vielleicht ist die

Außenstelle des Ordens aufgeflogen –
wer ist zuerst zu informieren oder überhaupt –
der Reihe nach wäre zu fragen: Wo sind die Bündnispartner? Wer und was kann uns jetzt noch retten? –
der Orden genießt noch immer Sympathien in den Räten, man duldet die Trasher am Rand einiger Städte, bestaunt sie ein wenig, weil sie freiwillig auf einen langen Schlaf verzichten, um ein gefährliches Gut zu hüten und Archive, alte Datenträger mit ihren Abspielgeräten, man schickt ihnen Kinder zur Belehrung vorbei. Im Föhrenwald am Schattenloch studieren sie den Zweiten Hauptsatz der Thermodynamik: Jeder natürliche Vorgang tendiert, sich selbst überlassen, zur Unordnung. Drum müssen alle putzen. Das lernen die Kinder mit dem Motto der Neuen Hauswirtschaft: »Unordnung ist schön, solange sie niemanden umbringt.« Wer zu viel aufräumt, verpasst die besten Ideen. Ausgeschlafen überlassen sich die Kinder noch dem kleinsten Spektakel. Und beginnen zu spielen. Auch dem Orden kann niemand vorwerfen, dass er etwas ausprobiert. Erfindungen sind nicht planbar und bisher ist niemand gestorben. Doch müsste man zu einer neuen Ehrlichkeit finden –
vielleicht würde es den vernünftigen Teilen des Stadtrats einleuchten, dass der Orden seine Außenstelle im allgemeinen Interesse betreibt, der gesamte Stadtrat würde vielleicht seine Politik ändern –
Strahlenmessung ist nicht banal. Geräte müssen kalibriert werden. Damit die Resultate zuverlässig sind, braucht der Orden Vergleichsgrößen, sprich: Samples. Eine kleine Grundmenge der zu messenden Nuklide. Sie dürfen nicht komplett vom Erdboden verschwinden. Auch Strontium-90 muss vorhanden bleiben, also muss man es produzieren.
Ist der Stab nicht mitschuldig? Hat er den Orden nicht jährlich prüfen lassen, aber Grünhörner geschickt, die nur ratlos auf die Geräte blickten? Die nicht einmal die Außenstelle besichtigen wollten, die Felsspalte, wo erwiesenermaßen nichts

Schlimmes passieren kann. Ein viel größerer, älterer, unsäglich plumper Reaktor hat dort, vor langer Zeit, keinen Menschen getötet, als er durchbrannte. Der Versuchsreaktor, den der Orden jetzt betreibt, ist winzig dagegen, ein Spielzeug sozusagen.

Der erste Schritt? Direkt mit dem Stab sprechen oder zuerst den Orden zusammenrufen? Ate müsste auch den Brüdern und Schwestern Details enthüllen –

was sie unter kreativer Buchhaltung versteht –

die erhöhte Stromquote war immer gewährt worden, die Geräte liefen, niemand wollte genauer wissen, was sie da vor sich hinrechnete –

aber es durfte eben nichts austreten –

»Idioten!«, würde Ate brüllen in der Mittwoch-Donnerstag-Freitagsversammlung, um Kopf und Kragen würde sie sich reden, unflätig die Maschinistinnen und Forscher beschimpfen und die würden ihr prompt das Vertrauen entziehen –

aber allein vor ihren Zahlen denkt Ate nochmal alles ganz anders: vielleicht nimmt im Stab die Vorsicht überhand, vielleicht ergibt sich eine Mehrheit, die keinen Skandal will und erstmal Fragen stellt: Wer hat die Quote überprüft? Die Grünhörner geschickt? Wer müsste Konsequenzen ziehen? –

vielleicht könnten sie es gemeinsam so drehen, dass der Stab insgeheim von allem gewusst hat, vielleicht gibt es irgendwo ein Statut, das ihm ein geheimes Projekt für die Zukunft erlaubt, erlaubt haben wird, wenn es herauskommt –

vorausgesetzt, dass niemand klagt und die Perücken ins Spiel bringt. Ein Gerichtsprozess wäre das Letzte, was sich Ate und der Stab wünschen würden –

der Weg durch den Stadtrat, das Parlament, wäre höllisch, aber er könnte schließlich zum Erfolg führen, wenn sich die Pöbler plötzlich als Freunde erwiesen – die Pöbler glauben nicht, dass der Atommüll nutzlos ist, sie sollen Recht behalten! Der Orden könnte der Universität einen winzigen Reaktor schenken, einen abgeschalteten: Sie sollen versuchen, schlaufenfähiges

Material zu entwickeln! –
Ate müsste dann den Weichenwärtern gut zureden, den Switchmen, und dafür wäre sie im Orden an der richtigen Stelle, denn da übernachten die sagenhaft unbestechlichen Hüter erlaubten Materials. Wenn sie sich irgendwo verbandeln, dann in den Grasdachhütten der Brüder und Schwestern –
in vielen Städten ist die Pöbler-Opposition in Fahrt, in fünf Jahren wird sie den Archipel soweit haben, dass er es mit der Radioaktivität aufnimmt: Der Reaktor wird dann ganz offiziell angeworfen –
aber fünf Jahre sind eine Ewigkeit, das Strontium-90 ist gestern gemessen worden – im Labor –
Ate zittert beim Gedanken daran, wer im Labor sitzt: eine Novizin. »Eine Messung ist keine Messung«, hat sie in frühen Lektionen gelernt. Sie sucht den Ersten Forscher auf und geht mit ihm zusammen zum Messgerät. Da sitzt die Neue.
»Hast Du den Ziegenkäse aus T. gemessen?«, fragt Ate freundlich.
»Ja.«
»Und hast Du die Messung wiederholt?«
»Nein.«
Nein.
»Dann messen wir doch gemeinsam noch einmal nach.«
Schritt für Schritt wird ein Stück Käse gereinigt, getrocknet, pulverisiert. Ate stellt fest, dass die jüngere Schwester zu schnell arbeitet, in entscheidenden Momenten fahrig. Sie hat noch nicht die nötige Übung, um eine Substanz zur sauberen Messung bereit zu machen. Man dürfte sie das nicht allein machen lassen. Die Hoffnung wächst. Drei Stunden, bis die Substanz soweit ist. Dann nochmals einige Stunden, bis die Kurve am Bildschirm erscheint: Die Zickzacklinie ist unauffällig, das sieht Ate auf den ersten Blick, auch der Erste Forscher schüttelt mit einem müden Lächeln den Kopf. Die Novizin zoomt in die Kurve hinein und findet nichts. Ate berührt sie

nur leicht an der Schulter, lacht ganz kurz auf.
»Nichts passiert«, sagt sie –
kein Strontium weit und breit –
die Pöbler werden weiter fröhlich pöbeln, niemand wird den Stab aufscheuchen, eine außerordentliche Versammlung des Ordens ist unnötig, Ate wird die Switchmen nicht umstimmen wollen, auch Gerichte fürchtet sie nicht –
für ein Weile jedenfalls, eine ganze Nacht –
nach der Aufregung braucht sie ein Kissenmeer. Aus ferner Erinnerung fallen ihr schöne Momente zu. Eine Sonne leuchtet mild die Gedanken aus, sie drehen sich wohlig: Stunden unter einem Segel, auf hoher See, vor langer Zeit – und den besten Fisch gegessen, fremde kalte Hände auf den erhitzten Wangen – das spielt sich immer und immer wieder ab, regt Wirbel an in der Brust – Einschlafen wäre jetzt eine Schande, wer wollte diese Sonne löschen, die Erleichterung beenden, den Kitzel mitnehmen in einen Traumbauch, dem Ate nicht trauen kann. Dort lauern unbekannte Schrecken. Und doch muss sie die Süße irgendwann ziehen lassen. Schlaflieder sind Trostlieder, die das Herz beschwichtigen. Sie geben ein leises Versprechen: Du wirst die Nacht überleben und morgen wird kein Schwert fallen. Vielleicht wird es sogar regnen.

9.

Der Tag beginnt so früh, dass alle zu müde sind, um gleich den Rechner hochzufahren. Schlaftrunken steigen wir aus den Betten in die Uniformhose und ein T-Shirt, torkeln durchs Zimmer und beginnen mit den Übungen. Kaum werden Arme geschwungen, kommen wir ins Schwitzen, ein erster Hunger meldet sich. Aber noch vor dem Frühstück nehmen unsere Tritte einen neuen Klang an. Wir stoßen uns vom Boden ab, leicht versetzt kommen die Füße nieder, zweimal wird gestampft, und alles von vorn. Das gibt den Takt vor. Wir werden zur Rhythmusgruppe.

Nach der Zerstreuung des Ordens, im Sommer '17, sind einige von uns in einem Personalzimmer untergekommen, im Erdgeschoss, niemand wagt hier laut zu singen oder zu röhren. In einer Stampfpause macht einer das Kassettengerät an. Céline schickt alte Audiokassetten, neu bespielt. Wir stampfen weiter zu leisen Beats, einem rauschenden Puls. Dazu murmeln wir ein Rezitativ, ganze Sätze im selben Akkord. Céline nennt es Musik, wenn wir unsere Worte ganz leicht verschoben sprechen und eine Reibung im Vierteltonbereich entsteht.

Die Zerstreuung war eine Art von Zellteilung. In kleinen Gruppen zogen wir aus, um uns zu vermehren. Ich habe das Glück, mit Betty Wang gemeinsam eine neue Zelle zu gründen. Zu viert bewohnen wir ein Personalzimmer. Bald werden wir einen Hof übernehmen. In der Enge, die uns jetzt noch bedrückt, erinnert der Duft aus Kurts Espressokocher ans Schattenloch. Er versetzt uns zurück. Auch die Stimme von Céline, die wir auf den Kassetten hören, erinnert an Föhren und den Moränenhügel. Einer neuen Schwester spielen wir alles vor und berichten vom Anfang, als Betty Wang aus Hongkong ins Stammhaus nach Europa zog.

Anfangs sei sie in eine unheimliche Stille gefallen. Als sei der Stecker gezogen. Alle Leute gestorben. Weil schon Herbst war, hörte sie keine Vögel. Alpen sah sie keine. Im Kopf hatte sie Bilder von Schneebergen. In einem Filmchen, das sie sich in Hongkong angeschaut hatte, drehte ein Steinadler seine Runden über dem Eis. Nun kam sie aber in eine Gegend mittlerer Hügel, das Herbstlaub war bald verweht, dann standen die Bäume grau, bei Regen schwarz am Hang. Das Tal, worin das Dorf lag, nannte Petra eine »Ebene«. Betty begann dort ein Grundrauschen zu hören. Das war die Autobahn und im 30-Minuten-Takt fuhr die Eisenbahn vorbei. Céline nahm dieses Rauschen später auf, versetzte es in Aufruhr, es vibriert jetzt in unserem Zimmer. Dann wummern Traktorkarawanen.

Im November '15 holten die Bauern bei strahlendem Wetter Rüben aus dem Boden. Die Traktoren waren den ganzen Tag zu hören, über mannshohen Rädern und hinter verdunkelten Scheiben sah Betty aber keine Menschen. Bald türmten sich Rübenberge auf den Feldern. Manchmal war Hufgeklapper zu hören. Da ritt jemand aus. »Frührentner«, sagte Kurt. Die Bauern wohnten nicht mehr im Dorf, sondern auf Siedlungen draußen bei ihren Feldern. Ihre alten Häuser im Dorf wurden von Zugezogenen bewohnt. Als Betty zum ersten Mal eine Drohne überlaut und anhaltend röhren hörte, erschrak sie. Das Gerät flog vom Dorf her auf den Waldrand zu, drehte kurz vor der Baumwand ab, verschwand wieder. »Ein Spielzeug«, sagte Kurt. In einem Beat von Céline dürfen schmerzliche Klänge nicht fehlen, sie fallen plötzlich ein und stellen sich jedem Rhythmus entgegen. Betty wünschte sich ein monströses Geschrei, als sie zum zigsten Mal ins Dorf fuhr, die Hände klamm trotz Handschuhen, die Gesichtshaut zur Maske gefroren. Am Lenker des Fahrrads baumelte eine Tragtasche. Das Dorf war menschenleer. Die Bewohner fuhren tagsüber weg und wer doch blieb, grüßte steif, wenn Betty den Dorfladen betrat. Die Bewohner lehnten das Endlager ab und sahen den Orden als Vorhut. Eine feindliche Truppe. Betty zog es vor, auf Hofläden einzukaufen, die irgendwo im Nichts zwischen zwei Feldern standen, unbemannt, da lagen Gemüse und Früchte, auch Eingemachtes und geräucherte Würste. Betty nahm, was sie brauchte, und legte Geld in die Kasse. Vielleicht saß irgendwo eine Bäuerin hinter einem Vorhang und sah zu, wie die Fremde den Hofladen betrat und wieder verließ. Ein Hund schlug an, aber er kam nicht näher. Ohne Gruß und Geplauder fuhr Betty wieder weg. Ein ärgerliches Quietschen am Hinterrad behob sie in der Werkstatt. Von Kurt hatte sie gelernt, wie man die Übersetzung des Fahrrads auseinandernahm und verbessert wieder zusammenbaute. Seither kam sie leichter den Hang hoch.

Für größere Touren schaffte Petra einen Pick-up an. Um die Zimmer für Anatol und Céline auszubauen, kauften sie Baumaterial ein. Das Schattenloch war eine Echokammer. Ließ man einen Balken von der Tragfläche zu Boden fallen, hallte der Aufprall zweimal nach. Mindestens. Als Céline ankam, meinte sie Schallwellen zu vernehmen, die seit Tagen immer schwächer wurden, aber hin und her geworfen wurden von der Felswand zum Wald und wieder zurück. Als sie vom Schrottplatz hörte, wollte sie sofort mit. Der Schrottplatz wurde von einem Gemeindearbeiter geführt. An Wochenenden sah man ihn auf einem BMX-Rad senkrecht aufgebäumt Feldwege hochfahren, eine Zigarette im Mund, einen Mähbalken oder eine Milchtonne in der freien Hand. Ein Artist und Berserker. Im Frühling und im Herbst rasierte er jeden Flecken Grün, der dem Staat gehörte.

Tagelang war dann der Fadenmäher zu hören oder ein Traktor, der sich in eine gigantische Heckenschere verwandelte. Es gab Momente, da mischte sich das Krachen der Äste mit einem Heulen, einem verzweifelten Leerlauf der Maschine. Der Gemeindearbeiter plauderte gern mit Kurt, wenn sie auf den Schrottplatz kamen. Da standen Mulden herum, die irgendwann, wenn sie voll waren, auf einen Lastwagen geladen würden. Damit alles irgendwo in einem großen Rachen landete: Braunglas, Alteisen, Batterien und Sperrgut. Der Grünabfall der Vorgärten würde kunstgerecht verrotten. Papier und Karton stapelten sich in Frachtcontainern, die man betrat. Manchmal, wenn die Stapel so hoch wurden, dass sie zu kippen drohten, durfte nur noch der Gemeindearbeiter einladen. Niemand sollte von gebündeltem Altpapier verschüttet werden. Fallendes Papier knallte. Der Schrottplatz war nur zweimal wöchentlich kurz geöffnet, so versammelte sich hier das halbe Dorf. Manche Kinder schrien begeistert, wenn Flasche um Flasche im Scherbenmeer zerschellte, auf den Schultern ihrer Väter überblickten sie gebrochene Sofas, Babybettchen und Kabelberge. Eine wohlgeordnete Sauerei. Offiziell angerichtet. Andere versteckten sich in den Autos, wollten keine Scherben sehen. Schockstarr hielt sich ein Mädchen am Fahrrad der Mutter fest.

Wenn wir Betty fragen, wie das war mit dem Geofon, im Dezember '15, wie das geklungen hat, dann spricht sie von einem Erdbeben. Wahrscheinlich sei die Erschütterung sehr leicht gewesen, für einen gehörigen Schreck reichte sie aber aus. Einen kurzen Moment lang drohte Betty der Boden unter den Füßen wegzubrechen und das Gefühl weitete sich aus; es dauerte noch an, als sich das Vibrieren stabilisiert hatte und klar war, dass es nicht stärker würde. Mit Ate Petra und Kurt lief sie vor den Wald, um über die Ebene zu blicken, da sahen sie den

Tross: weiße Maschinen, die gar nichts Landwirtschaftliches an sich hatten. Ein feingliedriger Zug mit Gittern, Geländern und abstehenden Kabeln. In Zeitlupe fuhr er die Landstraße entlang. Kurt dachte an künstliche Insekten. Auch ihm kam das Vibrieren unheimlich vor. »Da läuft eine Maschine aus dem Ruder«, sagte er. Es kam ihm vor, als sei irgendwo unter ihnen eine Unwucht entstanden. Da drehte etwas ganz falsch im Erdinnern und brachte den Boden in Bewegung, das würde immer schlimmer werden. Aber die Vibration blieb konstant, hörte auf, ging wieder los. Ate Petra dachte an Star Wars, lebende Maschinen in weißen Anzügen. Aus galaktischer Höhe hatten sie sich herabgesenkt. »Out of proportion.« Sie begann auf ihrem Handtelefon nach Informationen zu suchen, was Betty peinlich war. Petra hätte doch wissen müssen, was das Konsortium unternahm, sie war die Antenne, die Funkstation, die lebenswichtige Verbindung zum Auftraggeber. Nur das Konsortium, das Kraftwerke betrieb und Kavernen plante, verfügte über die Mittel, um hier einen Star-Wars-Tross abzusetzen. Immer wieder zitterte der Boden. Betty erschrak jedesmal neu. Als ihre Knie kurz nachgaben, hielt sie sich an Kurt fest. Er sah sie erschrocken an.

Ate Petra fand auf der Webseite der Gemeinde Informationen, die Bettys Skepsis verstärkten: Das Konsortium ließ den Opalinuston untersuchen. Der erschütterte Stein werde abgehört, dem Konvoi gehörten Geofone an, die messen sollten, wie mächtig die Gesteinsschichten in der Tiefe waren, wo die Kavernen am besten hinkämen. Davon hätte Petra wissen müssen, dachte nicht nur Betty, sondern auch Kurt. Hatte der Zuständige denn nichts geschrieben? War er nicht ein alter Bekannter von Petra, ein befreundeter Geist in den Windungen der Verwaltung? Wie konnte er plötzlich schweigen? Müsste Kurt nicht dabei sein auf dem Konvoi?

Ate Petra beschreibt in ihrem Tagebuch den Nebel, der sich an jenem Tag über die Ebene legte, den Konvoi verschluckte, sein Brummen aber zu verstärken schien. Als der Nebel ins Schattenloch eindrang, spuckte er einen Geländewagen aus. Zwei Männer traten ans Haus und zeigten einen Brief und einen Ausweis. Ihr Dialekt war ortsfremd. Aus Friesland waren sie angefahren, um die Stützwände der Maschinenhalle und des Einfamilienhauses zu untersuchen. Ihre Uniformen waren genauso weiß wie die Verschalungen des Konvois. Dass Petra keine Information erhalten hatte, entlockte ihnen nur ein Schulterzucken.

»Wenden Sie sich an die Gemeinde.«

»Wir sind doch vom Endlager!«

Nun blickten die Fremden, als sei ihnen ein totes Eichhörnchen vor die Füße gefallen. Sie wussten nicht recht, ob sie das süß oder schauerlich finden sollten.

»Ein Kloster?«, fragten sie ungläubig, als sich Petra zu erklären versuchte.

»Unser Auftrag ist, Sprünge in Hausmauern zu messen«, entschuldigten sie sich. Der eine wandte sich etwas überhastet der Maschinenhalle zu. Der Zuständige war weiter nicht erreichbar. In der Zentrale des Konsortiums fand man Petra auf keiner Liste, die erlaubt hätte, einen Vorgesetzten ihres alten Bekannten mit ihr zu verbinden. Die Techniker verzogen sich. An den Gebäuden waren keine Schäden entstanden, trotz Sprengungen, die bis ins Loch widerhallt hatten. Petra suchte vergebens Bettys Blick, sie hätte gern verstohlen eine Hand berührt. Aber die Freundin schien ihr verloren zu gehen.

Betty Wang erzählt vom Geofon, als sei ein Monster in den Orden eingefahren, eine Panzerkolonne bereit zur Schlacht. Sie hatte Explosionen schon immer gehasst. Laute Töne lehnt sie bis heute ab. Deshalb dominieren auf Célines Kassetten Bässe, die schon bei niedrigem

Volumen ein Gefühl der Erschütterung wecken. Sie bringen morgens die nötige Unruhe in den Tag. Kontrolliert. In stetem Takt. Andando. Betty hält das nur aus, wenn jemand summt und ein anderer antwortet. Ihre eigenen Einsätze bleiben leise und vorsichtig. Sie hört lieber zu, auch dem Rezitativ –

Is it the sea you hear in me,
Its dissatisfactions?
Or the voice of nothing, that was your madness?

Als im Dezember '15 die Gebäude zitterten, drohte alles auseinander zu brechen. Konsorten, Geologen und Kloster trieben auf unterschiedlichen Schollen, Ate Petra versuchte beim Abendessen zu beruhigen. Das machte alles noch schlimmer. Betty nahm ihr nicht ab, was sie sagte, von wegen »Missverständnis«, »Panne«, »juristische Personen«. Mit jedem Wort, das Petra sprach, wurde der Orden unwahrscheinlicher. Was eben noch körperliche Unruhe gewesen war, ein leichtes Nachgeben der Knie, wurde zur Panik. Betty zog sich an jenem Abend zurück, setzte sich aufs Bett und starrte vor sich hin. Sie erwartete, dass sich das Stammhaus gleich als Fata Morgana entpuppen würde, vielleicht war der Orden nur eine Wahnidee des Zuständigen, vielleicht lebte auch Petra in einem ganz eigenen Film, der bald reißen würde. Eine Weile stolperten sie noch zu dritt durch seine Kulissen, einen erfundenen Großkonzern, der ihr erlaubte, wichtig zu sein. Notwendig. Die Disziplin, die sie aufrecht erhielt, würde verpuffen, ein leises Piepsen in der Telefonleitung machte allem ein Ende. Betty Wang war zum zweiten Mal in die Falle gegangen, dachte sie an jenem Abend auf ihrem Bett. Was immer schon auf sie gelauert hatte, nahm jetzt Gestalt an: Ein namenloses Elend. Weit weg von allen, die ihr einmal lieb gewesen waren, würde sie als Ausschuss enden, mit einer weißen Strähne über weißen Stoppeln, in einem zerfetzten Regenmantel würde sie alt werden, irgendwie durchkommen, immer seltsamer aussehen. Bis zum Umfallen müsste sie sich durch feindliche Städte schleppen. Alle paar Monate würde jemand stehen bleiben, sie anstarren und zu sich selber sagen: »Sowas.«

Es war schon nach Mitternacht, als sich Betty vom Bett erhob und in die Küche hinabstieg. Dort fand sie Kurt, den Hausmeister, der ebenfalls vor sich hin starrte. Sie nahm den Schnaps, den er anbot. Er sagte: »Wir sind trotzdem auf dem richtigen Weg. Die Konsorten können mir gestohlen bleiben.«

Er sprach von »Unabhängigkeit«, was Betty nicht gleich verstand.

»Independent?«

»Kann sein. Ich meine: Allein. Wir können das auch allein.«

Am nächsten Morgen präsentierte er Ate Petra ein Budget. Er hatte ausgerechnet, wie viel Geld er von seinem Monatslohn als Hausmeister für die Alimente brauchte, wie viel er mindestens zur freien Verfügung haben wollte. Das war wenig. Den Rest könne er einbringen, sagte er. Kurt wollte, mit anderen Worten, dem Orden als Bruder beitreten.

»Man darf den Atommüll nicht den Konsorten überlassen. Du weißt, was ich da erlebt habe. Unser Leben hier ist gut und es kann noch viel besser werden.«

Als Betty an jenem Morgen aus ihrem Kater auftauchte, wusste sie wieder, warum sie in Hongkong Dinge weggegeben hatte. Kurts Antrag brachte ihr das Gefühl zurück, weit über Hochhäusern zu schweben. Mehrmals hakte sie sich vor Freude bei ihm ein – im Garten, auf dem Schrottplatz oder auf dem Weg zu einer Lektion. Das schien ihn zu verjüngen. Der Schnappsack nahm ab sofort einen Ehrenplatz auf Bettys Kommode ein. Als

Weihnachten näher rückte, sang sie manchmal allein neben dem Bett *rudy, the red nosed raindeer*, manchmal liefen ihr vor Heimweh Tränen übers Gesicht – aber es ging auch eine Welt auf, die unendlich viel größer war als das Schattenloch.

Kurz darauf feierten sie Kurts Eintritt mit einem opulenten Essen und altem Wein. Ate Petra hielt eine kurze Rede, Betty erfand das Amt des Maschinisten. Sie machten Pläne. Kurt begann sich für Regeln zu interessieren. Für den heiligen Benedikt. In den Lektionen sprach er von Vorschriften, die ihm bei Recherchen unterkamen. Meistens hielt ihm Petra den philippinischen Jeepney entgegen, die einfachen und selbstverständlichen Regeln, das beruhigte Betty. Sie mochte nur ganz kurze und klare Paragraphen. Ein »Armutsgebot« drängte sich tatsächlich auf. Es galt schon lange bevor es aufgeschrieben war. Bis heute garantiert es unsere Freiheit von Konsorten aller Art.

Als sich der Zuständige dann doch noch bei Petra meldete, sah er kein Problem. Er war auf einer Reise, saß wohl in irgendeiner asiatischen Großstadt an einer Bar, trank ein Glas Wein und prüfte seine Nachrichten. Wünschte frohe Weihnachten. Tagelang hatte er Petras Anrufe unterdrückt und sagte jetzt verständnislos: Mit transtemporaler Kompetenz habe das Geofon nichts zu tun. Viele Dinge liefen eben parallel. Kein Grund zur Sorge. Vielleicht war der Zuständige weniger zuständig, als Petra vermutet hatte. Sie begann, direkte Kontakte in die Finanzabteilung des Konsortiums zu festigen. Nahm auch kleinste Fragen zum Anlass für längere Telefongespräche. Versandte unaufgefordert Beweise unserer Existenz, unseres Auftrags. Bald konnte sie neue Überweisungen vorlegen. Worte fand sie allerdings keine mehr, um Bettys Vertrauen zu stärken. Es musste genügen, dass sattes Geld für den Ausbau des Einfamilienhauses eintraf, auch der Einbau weiterer Schlafräume im Kuhstall sei schon budgetiert. Kurt, der Maschinist, machte sich an die Arbeit. Mit Anatol, der im Februar aus Genf anreiste, verwandelte er die Maschinenhalle in ein Simulatorium.

Anatol sah das »Armutsgebot« als sicheren Wert gegen ein »Klumpenrisiko«. Seine Modellierungen, die im Simulatorium lebendig wurden, sollten durch Aufträge zu finanzieren sein. Um die notwendigen Geräte anzuschaffen, steuerte Petra Vermögen bei, das sie persönlich in den Orden eingebracht hatte. Das kann ich bezeugen, weil ich die Bücher kenne. Alles nachgerechnet habe. Der Orden hatte von Anfang an eigenes Kapital und es wuchs mit jedem Eintritt. Die einen brachten mehr, die andern weniger Geld ein. Petra machte Vorschläge, wie es anzulegen sei. Sie dachte in kleinen Schritten und sehr langen Zeiträumen, war also bereit, einiges zu riskieren. Der Samstagsversammlung präsentierte sie eine Strategie, die den Orden selbsttragend machen sollte. Anatol empfahl für die Anlagen einen Treuhänder in Genf, den er fortan einmal im Monat gemeinsam mit Ate Petra besuchte.

Céline nahm geschäftliche Neuigkeiten nur gefiltert auf. Sie gab sich in Versammlungen zwar Mühe, Argumente und Summen nachzuvollziehen, aber im Prinzip wartete sie nur auf eine entscheidende Auskunft: Musste sie sich fürchten? Ate Petra trat selbstbewusst auf, wenn sie Zahlen präsentierte. Sie konnte andere sehr viel besser beruhigen als sich selbst. Das dankte ihr Céline mit fraglosem Vertrauen.

Um Betty Wang nicht zu enttäuschen, sah sich die Schriftgelehrte einen Kung-Fu-Film an, der auch Kurts Lieblingsfilm war: »Rückkehr zu den 36 Kammern der Shaolin«. Mehrmals sah sie den Streifen und zog eine Klangspur ab. Fasziniert nahm sie zur Kenntnis, dass chinesische Kampfmönche von einem Getrommel angetrieben wurden, das an Steppen und Pferde gemahnte, an Rossini im Wilden Westen. Ein Posthorn bläst zum Angriff. Wenn Ah Chieh, der dumme Junge, sein gutes Herz entdeckt, kommt ein Banjo dazu. Flöten wecken die Hoffnung der Zuschauer, dass das Böse besiegt wird. Die korrupten Bonzen müssen zu bezwingen sein. Wenn Ah Chieh nur richtig kämpfen lernt, wird er seinen Brüdern und Tanten zum Recht verhelfen. Jahrelang turnt er auf dem Bambusgerüst und schaut den Mönchen beim Training zu.

Der stumme Abt, der dem Jungen nichts erklärt, ließ Céline an ihre morgendlichen Schwierigkeiten beim Turnen denken. Anatol warnte sie vor Bettys Didaktik und nahm die Medica gleichzeitig in Schutz. Ihr Kampfsport sei nichts für gehätschelte Seelen. Wer es gewohnt sei, dass Lehrer jeden Fortschritt ihrer Schüler bemerkten und aufmunternd kommentierten, der werde hier frustriert. Bei Begriffsstutzigkeit sei nicht mit Trost zu rechnen. Betty und Ah Chieh kämen aus einer Welt endloser Bankreihen und rezitierender Lehrerinnen, wo sich jeder sein Wissen selbst erbeuten müsse. »Nichts wird uns hier nahegebracht.« Betty sei eine wortkarge Meisterin, die ihren Schülern den Rücken zuwende. Céline versuchte sich anfangs an die Befehle zu halten. Leise dahingesagt schienen sie sich an die Luft zu richten. Wer wollte, konnte sie aufgreifen. Wer das nicht konnte, machte hilflose Bewegungen und fiel aus dem Takt.

»Nicht den Mut verlieren«, sagte Anatol. »Irgendwann werden Deine Beine von ihren Beinen gelernt haben.«

Der Wochenplan brachte Céline mit Betty in der Küche zusammen. Während sie das Geschirr spülten und plauderten, begann Céline in der Medica auch den zerbrechlichen Körper von Herrn Tan zu sehen. Jeden Morgen schien er sich ein letztes Mal aufzubäumen.

Wenn sein dürrer Arm wie eine Peitsche durch die Luft fuhr, zog sich der Tod zurück. Ein ruhiger Atem hielt den alten Mann am Leben. Er sei ein paar Mal knapp davongekommen, hatte seine Tochter in Hongkong erzählt, als sie an einem Sonntagabend in der Wohnung ihres Vaters sitzengeblieben war. Betty erfuhr Fetzen einer Lebensgeschichte: Krieg und Bürgerkrieg, Hunger in den Bergen, ein Kind, das dünn war ein Leben lang und nur kurz zur Schule ging. Als ein allgemeiner Wahnsinn ausbrach, sah sich der Junge ausgesperrt vom Schulhaus und von Freunden, die skandierend durch die Straßen zogen. Ihr Großvater sei zu Tode geprügelt worden, erzählte die Tochter von Herrn Tan, Jahre versanken in einer Panik, die sich in immer neuen Parolen Bahn brach. Der Junge erkämpfte sich ruhige Minuten und brachte sich alles selber bei, was er wissen wollte, ein Allesfresser in kargen Jahren: hier eine Zeitung, dort ein Faltblatt. Als auch die Mutter starb, machte er sich nach Süden auf, die Bucht nach Hongkong habe er schwimmend überquert. Intakt kam er an, nicht wie andere. Die Haie warteten hier, als sei die Massenflucht übers Wasser ein Geschenk ans Meer. »Mit nichts kam er an«, sagte die Tochter. Auch Kantonesisch und Englisch habe er sich selbst beigebracht und wieder vergessen. Die Hochsprache sei dem Greis erst spät entfallen. Noch nie sei er so glücklich gewesen: Krieg, Hunger und Wahnsinn gingen vergessen. Zum ersten Mal in seinem Leben müsse er sich keine Sorgen machen. Betty würde ihm das ermöglichen. Doch morgens im Park sprach eine stille Wut aus den Bewegungen des Alten. Mit offenen Händen schien er die Luft weg zu wuchten. Auch wenn er die Arme ganz langsam drehte, sah das bedrohlich aus. Der Tod blieb auf Distanz, solang er turnte. Wenn Betty ihn nicht irgendwann freundlich bat, mit ihr ins Haus zurückzukehren, machte er weiter. Seine Routine hatte Anfang und Ende verloren.

Céline gab es auf, sich Schrittfolgen zu merken. Sie ließ sich einfach treiben, hinter Anatol, Petra und Kurt. So war sie niemandem im Weg, geriet nicht zufällig in einen Faustschlag. Sie war kurz davor, ganz aufzugeben, als sich plötzlich Herr Tan in ihrem Körper regte. Er schien sich darin auszubreiten. Céline spielte den alten Mann und fand in den Takt. Es war ihr möglich, Betty zu folgen, Schritt für Schritt. Parallelen bildeten sich zwischen ihren Armen und denen der andern. Sicher bewegte sie sich, obwohl sie nichts kontrollierte. Und abends, wenn sie die Bewegungen selber nochmals übte, wurde sie ein kleines Mädchen, das zwischen kochender Marmelade und Schneidebrett schwebt, engelhaft, es konnte ihr nichts passieren. Die Bewegungen versetzten sie zurück ins französische Zentralmassiv, hinter die dicken Mauern eines Bauernhauses. Sie würde nicht ersticken.

Nach Jahren der Atemnot im Garten und auf den Wiesen hatten ihr die Eltern eines Tages geglaubt, dass sie nicht anders konnte: Sie war auf den Frühling allergisch und auf den Frühsommer. Sie durfte sich ins Haus zurückziehen. In der Küche versuchte sie dann zu hören, was draußen heranwuchs. Mit den Fingern in eiskaltem Wasser schätzte sie die Entfernung des Traktors ein: Kam er von der Rinderweide? Oder fuhr er zum Weizen? Über die Geräusche, die von draußen kamen, blieb sie verbunden mit der Arbeit der andern. Erst im Sommer, wenn das Gras schon braun war und die Wälder ächzten, ging sie hinaus, streifte durch erschöpfte Büsche und roch schon Moder im Dickicht. Später, als sie an der Universität studierte, kam sie im Hochsommer heim. Dann nahmen sich die Bauern Zeit, um an traurigen Feiern teilzunehmen. Mit ihren Eltern stand Céline Jahr für Jahr am Ort eines Massakers. An den Zweiten Weltkrieg wurde erinnert, an junge Männer aus ganz Europa. Kaum rekrutiert, waren sie in den Wäldern von deutschen Besatzungssoldaten erschossen worden. Jedes Jahr versammelte sich das Dorf um eine Reihe von Veteranen. Sie trugen schwer an Uniformen, die zu groß geworden waren. Als blaue Mäntel hingen ihnen die Jacken von den Schultern und reichten bis zu den Knien. Mit verschlossenem Gesicht hörten sie den Reden zu. Auch als Musik ertönte, verzogen sie keine Miene. Eine Blasmusik spielte hier schon lange nicht mehr, sie war verschwunden wie die Eisenbahn. Hier dehnte sich Brachland aus und die Wälder holten sich ganze Matten zurück, Feldwege verschwanden; wer keinen Traktor hatte, kam hier nicht mehr von Dorf zu Dorf. Unter einem vermoosten Birnbaum stand Céline, als ein neuer Bürgermeister vorfuhr. Er war nicht viel älter als sie selbst. Seinen frisch gewaschenen Wagen stellte er neben die Veteranen und öffnete nach seiner Rede die Vordertür. Drin saß eine Frau und ließ das Partisanenlied laufen, monoton klangen die Strophen aus den kleinen, aber mächtigen Lautsprechern im Auto:

Ami, entends-tu, le vol noir des corbeaux sur nos pleines...

(Wir mussten das später alle lernen.)

Die Veteranen nahmen es hin, dass der Bürgermeister einen Schwarzen zitierte und von der Gegenwart sprach, dass Völker zu einem Volk wurden,

peuple d'abîmes remontés
peuple de cauchemars domptés
peuple nocturne amant des fureurs du tonnerre

Während die Mäntel der Veteranen immer schwerer wurden, beschwor der Bürgermeister einen Abgrund, der zu erklimmen, einen Albtraum, der zu zähmen sei, er sprach von einem Volk, das in den Wäldern massakriert, auf Zuckerinseln versklavt worden war, in trostlosen Vorstädten ausgehungert werde. Der Widerstand sei noch nicht am Ziel. Céline befürchtete, dass er von den Kriegen sprechen würde, in denen die Veteranen, die hier standen, gekämpft hatten: von Algerien, Korea, Vietnam. Aber er schwang sich mit Aimé Césaire direkt in die Zukunft:

demain plus haut plus doux plus large

Dann ging schon die Wagentür auf und alle konnten das Lied hören, das an dieser Stelle immer kommen musste – aber niemand sang mit. Céline holte das im Klosterhof nach. Sie bestand darauf, dass der Orden sein Unternehmen hoch schätzen sollte. Das musste auch anklingen. Nicht jeden Morgen, aber mindestens einmal die Woche war eine Hymne fällig. Sie suchte nach einer Melodie, die ihr Herrn Tan vergegenwärtigen würde. Betty wusste nichts Passendes. Sie hat nie viel gesungen.

»Lass den Alten in Ruhe«, sagte sie zu Céline. »Ich weiß nicht einmal, ob er noch lebt. Alles musste er weggeben, als er ins Heim zog. Sie hatten endlich einen Platz gekriegt. Gar nichts durfte er mitnehmen, hat mir die Tochter geschrieben. Seither ist Funkstille.«

Als Kurt im Juli '16 das Gras unter den Föhren mähte und alle andern zum Heuen antraten, kam Céline in ihrem Strohhut aus dem Haus, einem Tuch vor dem Mund, mit Taucherbrille, ihre Arme und Beine waren vollständig bedeckt, die Socken hatte sie über die Hosen gezogen, auch Ate Petra trat vermummt hinzu. Beide mussten sich nicht nur vor Zecken, sondern auch vor Restpollen schützen. Medikamente reichten nicht aus. Ständig hörten sie ihren eigenen Atem unter dem Tuch, die Brillengläser liefen an, es wurde heiß und heißer in der eigenen, dünner werdenden Luft.

»Wird das so sein, wenn wir irgendwann in Ganzkörperanzügen kontaminierte Kavernen begehen?«, fragten sie Anatol.

»Viel besser wird das sein«, antwortete er, »Sauerstoff wird dann reichlich zugeführt.«

Ate Petra genoss die Hitze trotz allem. »Die Welt trägt wieder«, schrieb sie in ihr Tagebuch. »Man könnte sich für immer ins sommerliche Flimmern legen.« Am Abend war der Muskelkater nicht vom Schmerz der Mückenstiche, von Nesselbrandwunden und Labkraut-Ekzemen zu unterscheiden. Ein alter Bienenstich surrte noch, subkutan. Ein leichter Schmerz meldete sich im Gaumen. Sie wusste, dass man Sonnenlicht nicht im Körper speichern kann, und trotzdem kam sie sich vor wie ein Heizkörper, der sich den ganzen Tag aufgeladen hatte. Jetzt glühte sie in ihrem Zimmer. Moleküle schienen in Aufruhr, weil sie alles gleichzeitig abwehren mussten: Insekten- und Pflanzengifte, Pollenflutung. Eine kalte Dusche brachte Linderung. Salben würden die Hitze nur dämmen. Céline empfing Petra abends in ihrer Kammer und legte ihr Eisbeutel auf verbrannte Stellen, machte den Zeckentest. Dabei hörten sie Donnergrollen, Wind und Ziegenglocken. Ziegen bewegten sich noch im Wald und fraßen das Unterholz leer. Ein Grollen drang vom Dorf hinauf. Der Wind schien ihm zu folgen. Er blies in die Glocken der Ziegen, ließ sie schneller bimmeln. Kaum entlud sich der Donner, begannen die Tiere zu blöken. Alles verband sich in einem Rauschen, das sich steigerte und zum zweiten Donner wurde. Im Schattenloch hallte das dreifach nach.

Betty Wang hat sich dann doch noch an ein Lied erinnert. Es hatte mit Herrn Tan nichts zu tun, aber doch mit Hongkong. Eines Tages, an einem Sonntag, sei sie der Karawane gefolgt, die hinter dem Turm von HSBC eine Straße überquerte und auf Parkwegen den Hang erklomm. Dort stand die Kathedrale der Anglikaner. Sie füllte sich mehrmals täglich. In einem Heer von Filipinas standen chinesische Familien eng beieinander. Dazwischen ragten die grauen Häupter weißer Männer heraus. Auf Höhe der Chinesen waren auch Europäerinnen auszumachen. Betty meinte ihren Ohren nicht zu trauen, als alle von England sangen, hymnisch, vom »neuen Jerusalem«. Sie wollte wieder gehen, stand aber eingeklemmt in einer Reihe, musste noch Ankündigungen hören. Im Gesangbuch der Nachbarin las sie nach, was da eben gesungen worden war. Die Verse versetzten sie nach Manila in einen Jeepney, der durch Dieselschwaden fuhr. Sie saß vorn im Wind neben dem Fahrer und konnte sehen, wie er Lastwagen auswich, auf einem gigantischen Kreisel die Spur wechselte, von der dritten zur vierten, sich abdrängen ließ, wieder zurück gegen die Mitte vorstieß, immer nur mit einer Hand am Lenkrad, denn mit der anderen gestikulierte er. »Schwester«, sagte er zu Betty. »Sieh Dir das an: Das ist das neue Jerusalem!« Betty sah nicht weit im Abgas, ein schwarzer Film hatte sich über die Frontscheibe gelegt, sie hielt sich ein Taschentuch vor den Mund, aber der Fahrer sprach weiter, in einem beseelten Singsong: »Dieses Land ist gesegnet! Hier fällt kein Samenkorn zu Boden, das nicht sprießen wird. Ein Garten Eden ist dieses Land.« Die Zeit war nah. »Ito ang bagong Jerusalem!«, wiederholte er immer neu und pries die Jungfrau Mutter Gottes. So sangen auch die Engländer, Chinesen und Filipinas in Hongkong: Zwischen satanischen Fabriken und nebligen Hügeln, weit weg und überall, irgendwo würde die ewige Stadt errichtet:

»*... bring me my bow of burning gold*
bring me my arrows of desire...«,

sang Betty zögernd, nur um anzuzeigen, worum es ging. Das Lied sei nicht schlecht:

»...bring me my sword, when clouds unfold,
bring me my chariot of fire ...«

Als wir Neuen im Schattenloch ankamen, sang Céline am ersten Morgen diese Zeilen, herausgelöst aus der alten Hymne, von leisen Traktorenklängen unterlegt. Wir traten in diese Musik ein und in den Rhythmus der Tage. Jeden Morgen richteten wir uns an Bettys Rücken aus und sahen die blaue Strähne, die sich nicht dirigieren ließ. Sie bewegte sich quer zu allem, was Betty vormachte. Wir waren aber weniger verloren als Céline in ihren ersten Wochen. Betty winkte nun ab und zu Kurt nach vorn, ging durch unsere Reihen und wies auf einen Fuß, der einen falschen Winkel zum Standbein bildete, manchmal fasste sie jemanden an – schob einen Rücken gerade, hob einen Arm. Sie ließ es zu, dass Kurt vorne Erläuterungen gab und sonntags Zweikämpfe trainierte. Es schien sie nicht zu stören, dass er dabei einen herrischen Ton annahm. Auch von den Filmchen ferner Meister, die wir uns nachts anschauten, fühlte sich Betty nicht bedroht. Im Gegenteil. Es schien sie zu entlasten, dass wir uns umsahen. Und sie vertraute darauf, dass wir etwas lernten, wenn wir alle gemeinsam chinesische Worte aufsagten, jede Bewegung benannten, in einem Atemzug brüllten und schlugen, die Hände zurückzogen – leuchtende Kraft des Nonnenkranichs, drei, vier – links ausschreiten – Zitherspielen – links ausschreiten – rechts ausschreiten – Yi, Er, San, Si, Wolkenhand, und alles nochmals von vorn.

Für jeden lag eine Uniform bereit: graue, schwarz gesprenkelte Arbeitshosen, eine Jacke im selben Stoff mit vielen Taschen. Auch an den Hosenbeinen können seitlich Werkzeuge verstaut werden. Der kyrillische Schriftzug auf der Seite hieß »Liquidator«, lernten wir, und begannen noch lange vor dem Jahrestag des Unfalls von Tschernobyl der verstorbenen Bauarbeiter zu gedenken. Ein leises Unterdrücken von Tränen, eine schmerzliche Süße im Gaumen wurde dann Teil der Übung. Durch kräftigen Gesang fanden wir danach in den Tag.

Betty hatte sich sehr darauf gefreut, wieder Teil eines größeren Betriebs zu sein. In Uniform fuhr sie gelassener ins Dorf. Der Gemeindearbeiter trug ein ähnliches Modell, aber in Blau. »Wir machen uns hier die Hände schmutzig«, zeigten wir allen, die uns sehen wollten. Eine drückende Hitze lag im August und September '16 auf der Ebene. Die Leute schienen ihr Dorf satt zu haben. Autos bremsten alle quietschend. Rund ums Dorf standen Apfelbäume an Krücken, so schwer wog das Obst. Auf den verdorrten Wiesen und Stoppelfeldern konnten sich die Mäuse schlecht verstecken. Petra beschreibt in ihrem Tagebuch einen Graureiher, den sie im Gegenlicht sah: Er stand auf nacktem Feld und reckte den Hals, eine Maus im Schnabel. Sie war noch nicht tot. Der Reiher drückte den Schnabel härter zu, quetschte die Maus langsam aus, brach ihr die Knochen. Sie zappelte immer langsamer, versuchte sich lahm und taub vor Angst aus dem Schnabel zu winden, wenn der Reiher kurz nachfasste und dabei den Zugriff lockerte.

Céline erlag akustischen Täuschungen, die sie in musikalische Ideen überführte: In einer Ecke der Küche summte am frühen Nachmittag eine Fliege. Eine zweite Fliege kam dazu, sie flogen im Kreis, das war deutlich zu hören. Eine klangliche Helix weitete sich aus, als sei ein Riesenviech dazugekommen und durchgedreht. Aber das war keine Fliege, das war der Fadenmäher. Er lief draußen, in einiger Entfernung, nahm die Frequenz des Fliegensummens auf und trieb es in eine neue Dimension.

Auch Betty Wang täuschte sich in dieser Zeit der Erweiterung. Sie meinte nachts einen fremden Schatten zu sehen – einen Mann, der nicht auf den Hof gehörte.

Sie ging auf ihn zu und er lächelte unsicher. Gerade noch rechtzeitig begriff sie, dass das ein Neuer war. Im Dunkeln hatte sie ihn nicht erkannt. Vielleicht war er aus einer Großstadt hergekommen oder aus einem feuchten Bergwald, aus einem Schiffsbauch, den Tropen, einem Programmierkeller, Reaktorunfallgelände, Massagesalon. Obwohl Anatol nur Verstärkung für die Forschung gefordert hatte, wurde jedes Amt erweitert. Betty bestand auf einem Gleichmaß der Elemente, der Perspektiven. Zu dritt besorgten wir nun jedes Amt. Ich verstärkte die Haus- und Betriebswirtschaft, wurde Petras rechte Hand. Wir stellten die Buchhaltung auf größere Summen ein. Anatol war der Meinung, dass der Orden eine kritische Größe brauche, um seine Aufgaben zu erfüllen. Das Simulatorium brauchte ein gewisses Auftragsvolumen. Und tatsächlich ging es finanziell trotz erhöhten Ausgaben aufwärts. Das registrierten wir sorgsam: Ate, ich und eine Zoologin aus den französischen Antillen. Sie hatte sich von fern und seit einiger Zeit mit Céline über altprovenzalische Einsprengsel in kreolischen Tiernamen der Insel Martinique unterhalten, im Orden wollte sie Hand anlegen. Insgesamt wurden wir fünfzehn. Da reichte es nicht mehr aus, einen Wochenplan auszuhängen, in den sich alle eintrugen. Etwas mehr Vorschrift wurde nötig. Das Fahrrad hatte für Einkäufe ausgedient. Unser Müll quoll schnell aus den Eimern. Die Maschinisten errichteten einen Unterstand, um in großen Kisten alles vorzusortieren, was später auf den Schrottplatz kam.

Eine medizinische Masseurin aus dem Nachbardorf fand sich ein. Sie hatte Gutes über den Orden gehört, zur Überraschung der Pioniere bat sie ernsthaft um Aufnahme und verstärkte das Amt der Medica. In Ostasien hatte sich ein trauriger Mann eingeloggt, um sich mit Ate Petra zu unterhalten. Sie erfuhr von Leichen, die in einer Großstadt liegen blieben. Niemand holte sie ab, niemand schien zu wissen, wer sie waren. Dieser Bruder betrauerte die Toten nach allen Regeln der Kunst. Ein tagelanges Ritual stand ihnen zu und so betete er für sie. Ununterbrochen. Bis er sich vor Krematorien zu fürchten begann, im Schlaf die Flammen züngeln fühlte. Bald war jedes Viertel seiner Großstadt von Toten bevölkert, die er bestattet hatte. Als sich ein Nachahmer fand, gab er auf. Zu Petra sagte er, via Bildschirm, er wolle sich nochmals dem Leben widmen. Unser Orden sei dazu da, den Tod aufzuschieben.

Aus dem Bauch eines Frachtschiffs erreichte uns ein Schiffsmechaniker, den die Freundin einer Freundin von Betty kannte. Er mochte das Meer nicht mehr sehen. Es sei ihm zu viel geworden, zu leer und zu weit. Im Gebrüll der Schiffsmotoren waren ihm seine Frau und seine Kinder abhanden gekommen; die Nachrichten brachen ab, Nachforschungen halfen nichts. Er driftete übers Meer in eine Welt ohne Menschen. Da schien ein alter Steinbruch der richtige Ort, um wieder an etwas zu glauben: Dass es Bäume gab, die stehen blieben, und Leute, die sich morgens freuten, ihn zu sehen. Die kein Geld von ihm wollten. Vögel würde er hören. Wenn er wählen dürfte, würde er gern das Amt eines Schriftgelehrten bekleiden, sagte er zu Ate. Unter den Maschinen im Schiffsbauch seien ihm seine eigenen Gedanken unheimlich geworden. Kein Gott habe sich gemeldet, um Ordnung hineinzubringen. Drum wolle er lesen und verstehen.

»Singst Du gern?«, fragte Céline.

»Aber ja.« Er sang wie ein Engel. Als ihm die dritte Schriftgelehrte ein Netz asiatischer Sprachen präsentierte und um die alten Zeichen seiner Inseln bat, wurde ihm anders. Er hatte nicht damit gerechnet, in fremden Zeichen lesen zu müssen.

»Wir haben ein Leben lang Zeit?«

Céline nickte.

Anatol erweiterte das Amt der Forscher um einen Physiker und einen Techniker. Beide hatten in Fukushima gearbeitet – kannten sich mit Robotern aus. Der Techniker hatte seine Lebensdosis an Strahlung schon erreicht. Er musste das Weite suchen. Wie der Physiker wollte er neue Wege gehen. Man könne auch noch ganz anders, sagten sie. Vieles bleibe unerforscht, endlich würden sie ihre eigenen Experimente durchführen. Wenn auch nur virtuell.

Eine Nonne hatte auf ihrem Motorrad den Ural überquert. Dröhnend fuhr sie im Schattenloch ein, nahm ihren Helm ab und sah sich lächelnd um. Petra befürchtete lange Verhandlungen mit ihren Oberen, aber die Nonne beruhigte sie: »Ich bin friedlich ausgetreten.« Betty machte sie mit Kurt bekannt. Die Nonne wurde Maschinistin und ließ sich vom Programmierer, der aus Chemnitz eintraf, in neue Formeln einführen.

Eine Weile war Betty nach jeder Morgenübung komplett erschöpft. Es gelang ihr noch, ihre Routine in einem klaren Rhythmus ausklingen zu lassen, ein Takt ergab sich, den Céline übernehmen konnte, das Kampfturnen ging in die Morgenmusik über – nach einer kurzen Atempause klangen Beats an, fünfzehn mal zwei Füße stampften dazu, die Schriftgelehrten begannen zu singen. Aber Betty brachte keinen Ton über die Lippen. Selbst atmen war anstrengend. In den Lektionen döste sie vor sich hin und das nicht nur, weil vieles wiederholt wurde. All die Geschichten, die sie beim Turnen hinter sich spürte, alle Stimmen, die ihr Zahlen und Worte zuriefen, die Lebensdaten, die ihr bei pflegerischen Konsultationen zuflossen, das alles lagerte sich in ihr ab und geriet in wilden Träumen durcheinander. Wochenlang musste sie sich jeden Morgen aus dem Bett kämpfen, um dem frühen Herbstreif im Garten zu trotzen. Das dauerte an, bis das Massenlager der Neuen aufgehoben wurde, der Kuhstall fertig umgebaut war und unter den Schlafzimmern ein Festsaal entstand. Eines Abends, als der Flur noch mit braunem Pappkarton belegt war, trat Betty dort ein – nur so, um zu schauen, wie das werden würde. Sie war nicht lange allein. Man sah sich die Fortschritte gern gemeinsam an. Bald holte jemand Kissen und Stühle, einige setzten sich direkt auf den Karton. Ich brachte eine Kiste Bier aus dem Vorratskeller, und als ich damit eintrat, erzählte Betty schon von Hongkong.

Sie beschrieb einen guten Tag, einen Sonntag unter offenem Himmel zwischen den Wolkenkratzern. Damit sich die Hausangestellten auf den Straßen niederlassen konnten, brauchten sie eine Unterlage. Alte Chinesinnen lieferten sie, gebückt und langsam zogen sie den Wellkarton auf klapprigen Handkarren durch die Stadt. Vom Festland seien sie, hieß es. Oder zu stolz, um Sozialhilfe zu beziehen. Andere behaupteten: »Die sind eigentlich reich, aber geizig. Sie wollen nicht aufhören zu arbeiten.« Es waren unermüdliche Sammlerinnen, die den Leuten Karton abnahmen, um ihn dann zu verkaufen. Er war so billig, dass die Hausangestellten jeden Sonntag einkauften, die Unterlage absaßen und dann liegen ließen. Wenn die städtischen Aufräumer nicht schneller waren, hoben die alten Sammlerinnen den Karton zurück auf ihre Wagen.

Bald erzählte Betty Wang nicht mehr allein. Auch neue Brüder und Schwestern hatten die Hochhäuser auf den schmalen Küstenstreifen gesehen, einige waren noch auf der Piste des alten Flughafens gelandet. Früher mussten die Piloten ihre Maschine zwischen Häusern hindurch auf eine Bahn im Meer steuern, erzählte die Nonne aus der Mongolei. Der Schiffsmechaniker war weit draußen vor Anker gelegen, er durfte nicht an Land. Container wurden innert weniger Stunden umgeladen. Betty brachte die Rede auf die engen Straßen von Kowloon. Sie schien zu einer kleinen Lektion anzuheben, was wir uns gefallen ließen. Ein kühles Bier in der Hand erfuhr ich, dass Betty in Hongkong gut durchkam, obwohl sie nicht die Sprache der Stadt, sondern die Hochsprache des Festlands lernte. Sie sprach vom Einkaufen.

»Die linke Handfläche hältst du ruhig hoch, nicht ganz senkrecht: Sie wird zur Tafel.«

Wir saßen da und blickten auf Bettys Hand, als sei sie eine Leinwand.

»Mit dem Zeigefinger der rechten Hand schreibst Du unsichtbare Zeichen darauf. Der andere kann sie lesen. Er folgt den Bewegungen des Zeigefingers, auch wenn er eben noch wütend war, weil sie ihm alle auf die Nerven gehen: die Festländer, Ausländer und die kleinen Haushilfen. Niemand spricht Kantonesisch. Und wollen ihm etwas abkaufen. Also muss er sich trotzdem bemühen. Die Festländer können wenigstens lesen. Er fragt in allen möglichen Betonungen, was sie wollen. Verzieht unhöflich das Gesicht. Die Festländer bleiben ruhig, lassen sich keinen Ärger anmerken. Ganz ruhig heben sie die linke Hand und bedeuten ihm mit den Augen, dass er gut hinschauen soll. Da erscheint dann ein Zeichen:

kurzer Strich waagrecht – langer Strich senkrecht –

zweimal schräg, vom Kreuzpunkt her nach links und rechts:

木

Der Verkäufer sieht einen Baum. Der Kunde könnte sich für Früchte interessieren.

Ein Punkt, weitere Striche und ein Winkel folgen:

市

Zusammen macht das: 柿 –

Ein Baum schmiegt sich nah ans Zeichen für Markt. Das bedeutet: Persimone, was man hier auch Kaki nennt.

Eine Frucht zum Schlürfen. Ihren Preis kann der Händler stumm, mit den Fingern, anzeigen. So muss er sich nicht mehr ärgern. Von den Ausländern mag er die Japaner am besten, weil sie die Zeichen kennen.«

Auf dem ganzen Hof hatte sich herumgesprochen, dass im Festsaal etwas los war. Betty sei ins Reden gekommen, seltsam verwandelt. Nicht zu stoppen. Als sich alle versammelt hatten, zog sie ihren schwarzen Regenmantel an und begann, aufrecht der Menge zugewandt, eine Geschichte aus der Zukunft zu erzählen.

Falsches Kataster

Ein Szenario, erzählt von Betty Wang,
Medica,
an einem Herbstabend
des Jahres '16
vor großem Haus

Zu Hunderten knien wir im Saal und in den Fluren –
Kostüme bauschen –
Eine Gasse öffnet sich für Rosse –
Violette Fliegen surren um ihre Nüstern, die Rosse tragen einen weißen Bart und Gold, Quasten, Glocken, oranges Leder und Glanzstücke, Mönche spreizen ihre Flügel, zeigen die Krummsäbel und bleiche Wangen –
Wir blärren –
Das Tuch, das wir tragen, ist nicht nur teuer, es ist aus Himmelsgold –
Wenn wir uns erheben, braust ein Windstoß in die Kragen, unsre lieben Tauben steigen aus den Kronen auf, zu Hunderten –
Am zehnten Tag des zehnten Monats wogt alles, von früh bis spät. Neu und alt und Greis kommen zusammen, das zittert in den Knien, wenn sich die Gasse öffnet, das singt von allem, was immer wieder kam, nicht ganz gleich, aber immer in etwa, und noch und noch einmal erklingt die Ballade mit düsterem Refrain: »Das Klare Aug« –
Die Forscher hatten den Schwestern und Brüdern neue Augen eingelegt, damit sie richtig sahen und in bunten Farben; sie erkannten dann Hornmilben, die strahlende Laubblätter fraßen, zerkleinerten, ausschieden; was strahlte, glühte nun auch – jedes Element und Isotop in einer anderen Farbe; wenn sich der Bodenkot weiter auflöste und in den Gefäßen der Gräser hochstieg, dann leuchtete er, auch in den Bäumen, da

glimmerten die Blattadern, wenn sie Aktives transportierten – mehrmals haben wir diese Augen neu erfunden, damit wir die Zonen besser begehen konnten, damit die Aktivität deutlich wurde, transparent, weniger geheimnisvoll –
»Wir konnten die Strahlung sehn«, singen die Chöre warnend, »nur wir«, im dunklen Refrain erinnern sie ans Blendschwert, das die anderen dann zückten, an die Laser und Hacken –
An die Niederen, die trüben Auges durch die Zonen irrten, durch wachstumsgehemmte, kontaminierte, bald wildwüchsige Gebiete für Raubtiere; mit den Insekteninvasionen irrten sie und die Verlorenen begannen uns zu hassen; mit jedem Unfall nahmen die Zonen zu –
Es wiederholte sich alles immer langsamer und nicht genau gleich, in Varianten ging das von Refrain zu Refrain, und immer traten Horden auf, die den Brüdern und Schwestern nicht trauten –
Unser »Klares Aug« wirkte böse, wie Feueraugen, der Forscherblick schien alles zu verwandeln, Verwachsungen zu zeugen und die Dorrung, die Hohlsamen, die einflügligen Motten –
Die Ballade warnt vor dem großen Morden, ein dumpfer Klang schrumpft die Flammen der Kerzen, wenn wir singen, seidene Tücher verdecken Bilder an den Wänden –
Es soll nicht mehr geblendet werden, wir wollen zur Ruhe kommen und jährlich die Gasse öffnen für die Gesandten; einmal im Jahr wird das Kataster übergeben –
Alles ist aufgeschrieben und gültig; auf unseren Platten ist gespeichert, was lagert, für immer oder vorläufig, Schutthaufen in den Zonen, verseuchtes Wasser, auch die verwaisten Quellen, die wir fanden, sind benannt und verortet –
Der Orden liefert dem Weltganzen die richtigen Koordinaten und Daten, die nötig sind, um zu regieren und zu verwalten, wir zeichnen den Planeten auf, damit richtig gebohrt wird und geschont, dies vor allem: geschont. Wir schützen die Ruhe im Gestein. Jede Kaverne ist sicher, wenn das Kataster geachtet wird –

Wir liefern genaue Daten, die eingespeist werden in die Vernunft, die alles regiert, wir füttern ihre Algorithmen mit Fakten, mit Unumstößlichem, und heißen die Gesandten willkommen, die der Vernunft menschliche Gesichter leihen und Körper aus Fleisch und Blut, einmal im Jahr besuchen sie uns zu einer großen Feier –
Wir singen und schwitzen in unseren Kostümen, tragen Platten und Gesandte auf Händen einander zu; ein Protokoll schreibt uns jeden Schritt vor und jedes Tuch, zur Etikette gehört die glänzende, überbordende Uniform der Türhüterinnen; Schutzgöttern gleich wogen sie, lassen die lieben Tauben aus ihren Kronen aufsteigen –
Wir wären gern himmlisch, waren Kriegerinnen, nun sind wir Beamten, Stützen der Harmonie im Weltganzen; in unseren Liedern ist die Erinnerung aufgehoben, dass die Messgeräte immer fremd gegangen sind, dass die Messgrößen Verwirrung stifteten, bis gar nichts mehr zu lesen war und niemand mehr verstand, was jemand anders einmal gemessen hatte, mit welchen Zählern – auch die Dosimeter des Ordens verwandelten sich in falschen Händen, wurden zum Talisman von Kavernenräubern; die holten sich im Innern der Erde den Tod –
»Selber Schuld«, sagten Leute, die es besser wussten –
Wir singen auch den Räubern das Geleit und die »Ballade vom Grausen im Berg« –
Lange Jahre haben wir Klänge eingebaut, abschreckende Tröten im Opalinuston; nervenaufreibende Schreckgeräusche sind weltweit installiert worden und irgendwann verknattert, nun erinnern wir auch an sie, wenn wir im Chor gehen und die Gesandten tragen –
Mit gestelztem, vom Ritual erforderten Kampflachen schleudern wir eine Warnung in den Saal: Wir bauten Pyramiden, Grabstelen, glänzende Alarmhügel – es blieben Tafeln und immer kamen Leute dazu, das Gegenteil von dem zu lesen, was da stand – in klaren Worten vermuteten sie einen verborgenen Sinn; wo wohlmeinend geschrieben stand: »Bleibt weg«,

sahen sie eine Täuschung und kamen näher –
Jede Botschaft wird falsch verstanden, drum haben wir uns auf das Kataster besonnen und auf den Dienst am Weltganzen, das immer schöner wird, immer perfekter; die Vernunft regiert, sie ist aus gut begründeten Prinzipien, Formeln und Regeln erschaffen. Nach bestem Wissen und Gewissen programmiert. Wir haben daran mitgeschrieben, Algorithmen eingespeist und beraten. Wenn alle drei Jahre eine noch höhere Vernunft geladen wird, sind wir mit Vorschlägen dabei. Im Weltganzen haben wir eine gewichtige Stimme. Deshalb beugen wir uns den unsichtbaren Regimentern. Sie administrieren vernünftig. Beobachten, registrieren und befehlen. Ziehen Geld ein und verteilen es. Geben Aufträge. Wählen Personal aus. Für wichtige Geschäfte lassen sie sich von Gesandten aus Fleisch und Blut vertreten; die Vernunft und ihre Regimenter sollen an Feiertagen in üppigen Gewändern sichtbar werden; dann tragen wir sie auf Händen und singen unsere Balladen –
Auch die Warnwespen, die wir einmal gezüchtet haben und nicht mehr loswurden, summen jetzt im Chor, sie fliegen rechtzeitig in die Gasse, steigen, fächern sich auf und formieren sich zu Zeichen, einen Moment lang wird der Schwarm lesbar in der Luft:

门

Dann verstreut er sich, die Wespen surren einen Moment lang wild durcheinander, dann sammeln sie sich zu einem neuen Zeichen:

神

Jedes Viech findet seinen Platz, sie sind so perfekt organisiert wie das Weltganze, jede Information ist an der richtigen Stelle festgehalten; die Koordinaten im Kataster gehen in die Vernunft ein, in die Regelung der Geschäfte, Einsprachen gegen die Schonung der Kavernen und der verseuchten Zonen werden zurückgewiesen, wenn wir firm bleiben und korrekte Daten einspeisen. Dann ist das Ziel erreicht: Nichts wird geschehen –

Singt weiter, sagen uns die Gesandten –

Mir hämmert aber das Blut im Schädel und die Brüder stehen mir für einmal zu nah, auch die Schwestern, da ist ein Keuchen zu hören und aus einer Lunge in den hinteren Reihen pfeift es. Ein altbekanntes Geräusch. Vor meinem Eintritt in den Orden hat es zu meinem Beruf gehört, Menschen beim Sterben zuzuhören –

Damals machte mir das nichts aus, ich war daran gewöhnt und konzentrierte mich auf Zusammenhänge: Wie das Wasser steigt, wenn die Niere aufgibt, wie sich die Lunge füllt – wann der Moment kommt zu lindern: Thoraxdrainage – in all den Jahren habe ich nicht genau voraussagen können, wann das Todesröcheln einsetzt – aber die Angstlöser habe ich, wenn mich nicht alles täuscht, immer dann verabreicht, wenn sie nötig waren; keine, die im Sterben lag, sollte denken, sie sei am Ertrinken, und dann in Panik zu schreien beginnen; behaglich sollte sie sich fühlen, wenn ein kleiner Ventilator Luft zuführte, als sei das Atmen kein Problem, als sei die Luft schon immer so frisch und klar gewesen und leicht einzuziehen, auszukeuchen – auch das Herz machte nicht mehr richtig mit, wenn sich die Lunge mit Wasser füllte – der Mund dagegen wurde trocken, die Zunge verfärbte sich, da konnte Schwamm um Schwamm darüberfahren, netzen –

Wenn aber das Dach des Klostersaals aufgeht und sich der Giebel teilt, der Himmel sichtbar wird, die Gesandten mit dem Kataster aufsteigen, von Wespen flankiert, dann singen die Mönche und Nonnen eine Hymne auf perlende Luft, den ewigen Atem, der so leicht geht, dass man ihn vergisst. Sie loben die Städte unter Blütendächern und den stillen Verkehr, die lautlosen Schiffe und den Sieg im Letzten Krieg –

Niemand erstickt mehr im Feinstaub, seit die Ölfelder stillgelegt sind und die Verbrenner entmachtet, Magnaten vernichtet; die Lungen der Kleinkinder bleiben zart und unversehrt, nur die Lieder des Ordens erinnern daran, dass sich einst Millionen nicht mehr aus dem Haus trauten –

Wir gehen langsam, wie vorgeschrieben, aus dem Saal. Das Keuchen aus der hinteren Reihe klingt nach, erinnert an längst vergangenen Gestank –

Ich erinnere mich daran, dass eine Frau im Sterben lag und ihre Tochter danebenstand, sie hatte das Netzen der Zunge übernommen. Bald musste ich ihr die Bestattungsformulare erklären –

Da war dieser Gestank der Sterbenden, ihr Atem roch nach Moder und Fäule, immer dichter, er griff auf den ganzen Raum über und doch wollte jene Tochter nach dem letzten Ringen und Erstarren die Mutter noch einmal küssen – da war kein Atem mehr zwischen den Lippen, aber der Gestank, und er drang dann in die Lungen der Tochter ein, sodass sie noch jahrelang hustete und keuchte, sie wurde den Moder nicht los, erzählte sie mir, als wir uns im Orden wieder trafen. Julieta hieß sie und wollte eintreten, ich musste sie prüfen. Sie erzählte, wie sie gekeucht hatte und machte diesen Laut nach und genauso hat das eben in der hinteren Reihe geklungen –

Seit wir im Orden streiten, fühle ich mich nicht mehr wohl in meinem Kostüm. Wir sind uns nicht einig, denn eine Mehrheit spricht seit einiger Zeit von »Verhandlungen«, sie halten gewisse Einsprachen für berechtigt. Bauherren, die neue Faktoren fordern, sind zu »Partnern« geworden, aber die Türhüter haben noch nie verhandelt, wir liefern Fakten – das will die Mehrheit in den eigenen Reihen nicht mehr begreifen. Wenn wir, die wir uns nicht mehr wohlfühlen, protestieren, gucken sie uns an, als sprächen wir eine fremde Sprache, dabei sagen wir nur, dass auch Perforatoren den Stein verletzen, wenn sie neue Löcher bräseln – Tunnels für die Magnetbahnen, die neuen Lager und den Schussverkehr – Perforatoren sind keine primitiven Bohrmaschinen, das ist wahr, sie greifen mit tausend Nadeln an und kratzen sanft, aber wahnsinnig schnell, den Stein zu Sand, lassen den Berg ausrieseln, aber das verhindert nicht, dass sich die Druckverhältnisse ändern, und zwar nicht langsam, plötzlich lässt Spannung nach und schon ist da ein neuer Riss an unerwarteter Stelle, im ganzen Berg bewegen sich die Moleküle unmerklich, wenn perforiert wird, »und«, habe ich in der Samstagsversammlung gesagt, »wir haben es nicht mit einem lebendigen Körper zu tun, da heilen die Wunden nicht, keine Zelle repariert sich selbst, nichts ist hier elastisch, der Stein ist hart und wenn er einmal verletzt wird, dann ist nichts mehr zu machen«, dann weiten sich die Risse während Jahrtausenden, das Grundwasser, das Regenwasser, et cetera. Nicht auszudenken, was passiert, wenn dieser Stein unter einen Gletscher gerät und bald schon unter einen Schmelzwassersee –

Irgendwann wird jemand verseuchtes Wasser trinken und Jahre später werden sich Zellen verändert haben, in erhöhtem Maß, und vielleicht wird jemand in der Lage sein zu erkennen, was passiert, wenn sich Organe häufiger als früher verändern und Todesfälle zunehmen; vielleicht werden unsichtbare Regimenter auch in Zukunft ein Krebsregister führen –

Jetzt sind zwölf Lager neu klassiert worden, zwölf Hügel und Berge gelten neu als bebaubar; in fünf, siebzig oder neunhundert Jahren werden da Perforatoren auffahren und knapp an den Kavernen vorbei ihre Löcher bohren. »Kein Problem«, sagt der Orden öffentlich, das habe auch ich feierlich bestätigt, als wir kostümiert in der Halle standen und Balladen sangen –

Vielleicht ist Julieta unter den Gästen. Seit zehn Jahren installiert sie Sensoren und jagt nach Proben. Wenn sie Felswände erklimmt oder dick verpackt durch Zonen stakst, kommt sie nicht außer Atem. Sie gehört zu einer durchtrainierten Außenhorde, zum kräftigen Fußvolk der Vernunft. Vor zehn Jahren, beim Gespräch zur Aufnahme in den Orden, hat sie mich wiedererkannt und vom Sterben ihrer Mutter erzählt, auch ich erinnerte mich an ein anderes Leben, an jenes Spital –

Julieta weinte am Bett und ist dann durch die Station geirrt, fand mich sehr beschäftigt, sie blieb ruhig und gefasst stehen, bis ich einen Moment Zeit hatte, da fiel sie mir in die Arme und heulte los. Erst als ich sie etwas beruhigt hatte, lud ich das Bestattungsformular auf ihr Lesegerät und erklärte in wenigen Sätzen, was nun alles zu tun sei –

Es war ein Formular mit Fußnoten und Subformularen, die unter farbig markierten Worten aufzurufen waren. Was man auch anklickte, immer kamen neue Fragen und Wurmsätze auf den Bildschirm. Die unsichtbaren Regimenter gaben sich nicht rasch zufrieden. Mit einem einzelnen Tod waren sie jahrelang beschäftigt –

Meine Aufgabe war es, mit einfachen Worten dafür zu sorgen, dass das Leben weiterging. Dass die Angehörigen nicht auf der Station zusammenbrachen. Schließlich hatten wir noch andere Patienten, so vergaß ich Julieta schnell, während sie noch lange an mich dachte und sofort wusste, wer ich war, als sie um Aufnahme in den Orden den Türhüter bat –

Seit wir uns ausschließlich dem Kataster widmen, sind wir dem Prinzip der Schönen Bürokratie verpflichtet. Ihre Versprechen sind trocken und kurz formuliert. Sie werden gehalten. Für die Hilfe der Schönen Bürokratie muss sich niemand bedanken. Wir sagen die Wahrheit, sind uns aber im Moment nicht einig, wann ein Tunnelbau den Kavernen gefährlich wird. Ein Kampf um Faktoren ist entbrannt. Nicht nur im Orden –

Trotzdem wird gefeiert, wie jedes Jahr beim Besuch der Gesandten. Das Stammhaus ist sehr groß geworden, ein Turm ist aus dem Steinbruch emporgewachsen, wir haben die Grube ausgefüllt mit Terrassengärten, Fluren und Hallen, die Anlage bietet Platz für langsame und schnelle Tänzer, Trinkerinnen und Mondschwärmer; Hunderte von Schwestern wandern heute Abend vom Klosterdach in die Keller und wieder zurück, Holztreppen knarren, Fensterpapier knittert, in den Türen wehen Vorhänge. Ein kühler Herbstwind geht durch die höheren Etagen, noch wird nichts verriegelt. Wenn mir jemand entgegenkommt, nicke ich höflich und antworte auf die Frage »Wohin« mit einem ausweichenden »Da lang« –

Die Kostüme sind abgelegt. In steifgestopften wärmenden Nachtmänteln gehen wir zum Fest. Wir schlurfen in Pantoffeln. Auch die Gesandten zeigen sich in zivil. Zur feierlichen Übergabe sind Delegationen aus den Klöstern und Installationshorden aller Welt angereist. Tatsächlich ist Julieta unter ihnen –

Wir treffen uns in einer Küche. Ihr Gesicht ist leicht gerötet. Sie schlingt ihr Essen in sich hinein, als sei sie allein an einem Steppenfeuer. Alle Installateure führen sich, wenn sie im Stammhaus zu Gast sind, wilder auf, als wenn sie unter sich wären. Julieta isst ihren Reis mit den Händen, dabei wippen die hochgetürmten blonden Zöpfe. Eine Schlange windet sich durch die Haarpracht, schießt ab und zu hervor und schnappt sich einen Happen vom Teller. Ein Darm ist ausgekocht und getrocknet worden, in Salz eingelegt, jetzt simmert er zart erhitzt in der orangenen Sauce. Die Darmringe werden auch mir vorgesetzt und ich zwänge mich Julieta gegenüber in eine Reihe. Dicht an dicht sitzen die Gäste in der Küche, heben Gläser, prusten. Hier wird die Luft durch alle Lungen gepumpt. Die Därme sind köstlich. »Ein Prosit auf Euren Kniefall«, sagt Julieta. Sie freut sich offensichtlich nicht, mich zu sehen. Murmelt etwas von verkauften Daten, von Verrat. »Du kommst zur rechten Zeit«, will ich sagen, aber da röhren schon Installateure über mir. Sie schlagen alle auf einmal die Stirn auf den Tisch –

Wir wussten, dass Julieta aus dem Gefängnis kam, als sie sich im Orden bewarb. Für die Außenhorden suchten wir neue Brüder und Schwestern. Zornige Leute mussten es sein, die sich aber in der Gewalt hatten, und die Städte flohen, Julieta wirkte besonders finster. Sie sah aus, als könne sie sich zwei Wochen allein mit Maschinen durch einen Wald kämpfen, einen Sensoren im Eis einrichten; sie wäre in verseuchten und verwilderten Gegenden gut aufgehoben, dachten wir, wollten aber prüfen, ob sie der Disziplin gewachsen sei, dem Gehorsam vor

allen Dingen –
Ich sprach allein mit ihr und kam zum Schluss, dass ihre Wut einem heiligen Zorn entsprang. Sie wüte gegen den Tod, sagte ich den Obersten Fünf und so nahmen sie Julieta auf –
Nachdem ihre Mutter gestorben war, hatte sie versucht, die Moderluft aus ihren Lungen auszuhusten, sie spuckte und bildete sich ein, beim Laufen würde reine Luft den Gestank in ihrem Innern verdrängen. Sie rannte, bis sie keine Luft mehr kriegte, aber im Schmerz, der die Lunge dann befiel, schien der Moder immer neu zu entstehen. Sie tanzte auch bis zum Umfallen in jener Zeit. So war sie mittendrin, als die Vernunft ihre eigenen Apparate nicht mehr erkannte, die unsichtbaren Regimenter heiß liefen und austickten. Junge Städter hatten die Richtung der Abhörgeräte gewechselt, aus Empfang wurde Sendung. Sie gaben unbefugt Befehle, wenn sie auf einem begrünten Dach saßen, im Dickicht eines Wäldchens, wo die Büsche um Licht kämpften. Sie waren von kleinen Mücken umschwirrt, aber das machte ihnen nichts aus, zu aufgeregt waren sie, weil aus Mikrofonen Lautsprecher wurden. Blätter begannen metallisch zu knirschen, Äste brummten, ein exaktes Schnattern hob an. Julieta bebte. Sie konnte einen Takt in ihr Taschentuch pusten, die Perzeptoren im Wäldchen gaben ihn verstärkt zurück. Julieta überließ sich dem Wippen des Laubs und dem melodischen Brummeln ihrer Freunde. Sie brachte die Welt zum Rattern, die Zeit verflog nicht nur auf diesem Dach und nicht nur in einer Stadt, nächtelang brummten und kreischten Dinge, Pflanzen, Körperteile auf allen Kontinenten. Das Geheimnis des Richtungswechsels verbreitete sich schnell. Die Vernunft meldete Friedensbruch. Arroganz. Zersetzer hätten dem Weltganzen ihren Lärm aufgezwungen. Dann tauchten Männer und Frauen auf, die den Tänzern unbekannt waren, sie zogen nächtelang herum und zerschlugen alles, was plötzlich tönte. Auch Julieta wusste nicht, woher die kamen und wohin sie gingen. Sie glaubte den Gerüchten, die den unsichtbaren Regimentern einen geheimen Verteidi-

gungsmodus unterstellten, Befehle an Schlägertrupps. Deren Zerstörungswut machte den Lärm noch schriller, es kamen Laute über die Stadt, die man noch nie gehört hatte: Ein ohrenbetäubendes Pfeifen hob an. Bis die meisten Leute froh waren, dass Tänzerinnen und Tänzer verhaftet wurden. Sie mussten lernen, dass die Stille ihre Rettung war –

Vor langer Zeit, als die Asche auf den Schlachtfeldern des Letzten Kriegs langsam erkaltete, waren auch die Motoren verstummt. Öl und Kohle wurden nicht mehr gefördert. Wer vom Boden kommen wollte, schloss sich den Siegern an. Die sprachen von weltweiter Harmonie und versorgten alle Territorien mit neuen Kraftwerken. Reaktoren. Lastwagen rasten nun lautlos durch die Straßen. Wacklige Handwagen bewegten sich wie von selbst. Auch fette Motorräder machten kein Geräusch mehr. In breiten Scharen fuhren sie durch die Straßen, sobald die Trümmer weg waren, ganz benommen standen die Fußgänger am Weg und brachten sich in Deckung. Es dröhnte ihnen noch in den Ohren vom Lärm der Zweitakter und von den Bomben. Sie hörten noch Fenster klirren und Mauern einstürzen und fürchteten sich vor den stillen Scharen, auch vor den einsamen Wagen, die man nachts nur am Licht erkannte. Manchmal fuhren sie ohne Licht. Man musste die Augen schärfen. Viel genauer hinschauen, immer auf alles gefasst sein. Dann beruhigten sich die Leute und nahmen es hin, dass auch Panzer auf Erkundungstouren keinen Laut von sich gaben. Es sei denn, sie hupten. Lastwagen verschwanden bald ganz, auch Überlandbusse und Flugzeuge. Magnetbahnen fuhren hoch über den Häusern und Hügeln, Tunnel verbanden die Städte –

Der Orden hatte einige Lager verteidigt, aber nicht alle. Generationen von Türhütern waren damit beschäftigt, die Zerstörung zu messen. Zwischenlager hatten gebrannt. Die Vernunft setzte alles daran, verstrahlte Reste in neuen Kraftstoff zu verwandeln. Die neuen Reaktoren fraßen ihren eigenen Müll. Was blieb, musste unter den Boden. Wir entwickelten das Klare

Aug, installierten ein Grausen im Berg. Schrieben vernünftige Algorithmen. In Liedern und Gedanken pflegten wir die Zeichen der stummen Schrift, die der neuen Zeit so wunderbar entsprach. »Fresse halten«, schien ein gutes Motto, als wir der Katastrophe gerade noch einmal entronnen waren. Wir schrieben:

门

Da war es egal, ob jemand men sagte oder Tür, porte oder door. Auch die inneren Stimmen verstummten beim Lesen. Wir sahen eine Umrandung, ein kleines Dekor. Da klebte vielleicht ein Bild an der Tür, ein hoffnungsvolles –

神

Wenn wir dieses Zeichen schrieben, dachten wir an einen Geist, der die Dämonen fernhielt. Wir wären gern Schutzgötter gewesen in einem himmlischen Krieg. Aber als sich die Weltmächte kreuzten, sind wir fast in Flammen aufgegangen. Der Kampf, den wir um unsere Lager führten, wurde trotz Niederlagen bewundert. Zum neuen Jahr kleben auch heute noch furchtsame Bürger kleine Bildchen an die Türen und nennen sie men shen oder dieu de la porte, diwata ng pintuan. Sie fühlen sich von uns beschützt. Ihr Glaube trägt zum Aufschwung bei. Wir wollen ihn nicht enttäuschen. Einmal im Jahr kleiden wir unsere Rosse opulent und lassen alle Kostüme aufleben, die je eine Türhüterin getragen hat –
Die Installateure in den Außenhorden sind besonders beliebt. Sie verbürgen, dass richtig gemessen wird. Jeder kann sich in die Vernunft einschalten, mitlenken. Es ist einfach, ein Kopfkissen zu produzieren, das auch Haare und Schuppen sammelt und prüft, oder Wanzen in Rosenblüten einzubauen, aber hinausgehen in die Schlachtfelder, wo kein Vogel mehr hinkackt, und dort einen Zähler und eine Kamera installieren, das kann

nur das Fußvolk. Die Installateurinnen statten die Welt aus, die wir prüfen, wenn wir uns ins Bild des Weltganzen einschalten, in die Vernunft eingehen, durch die Welt fliegen und Meere überspringen. Nur dank den Messungen da draußen gewinnen wir rasend schnell einen Eindruck. Wir steigen in einen Anzug, unter einer Kappe werden wir für eine Weile Teil der unsichtbaren Regimenter, wir ziehen uns die Kappe tief ins Gesicht, dann sehen wir Bilder, hören Geräusche, riechen Gerüche; wir spüren, wie sich der Anzug um unsere Glieder zusammenzieht und weitet, wie er plötzlich kribbelt. Auch die Schuhe, in die wir steigen, melden. So gelangen wir auf einen Berg bei Mailuussuu, im kirgisischen Terrain, wo einmal Uranschlamm abgerutscht ist. Wir wissen sofort, was da im Regenwasser gelöst ist, was die Blütenblätter aufnehmen, was im Staub landet und wir hören, was in der Stadt gesprochen wird. Keine einzelnen Worte. Nur die Tonlage des durchschnittlichen Geplauders wird uns übermittelt, aggregierte Halbsätze. Wenn eine Häufung von Kraftworten den fröhlichen Lärm der Nachbarschaften stört, wird der Ton in unserem Ohr schmerzlich, wir melden eine Störung. Die Vernunft kann darauf zählen, dass wir alle Eindrücke bewerten. In tausenden von Anzügen wird interpretiert. Vielfach abgestützte Urteile liegen jeder Anweisung der unsichtbaren Regimenter zugrunde. Wir reagieren, wenn das Bild der Kleinstadt Mailuussuu die Farbe ändert und die Konturen der Häuser wackeln. Leute, die gern durch diese Bilder fliegen, kennen den Farbcode auswendig und erkennen verseuchte Böden. Aber sie machen nur Meldung, wenn etwas blitzt und wenn ihnen eng wird um die Brust. Wer Mailuussuu heute überfliegt, riecht frühen Schnee. Er erkennt den Uranschlamm und die Verbauung, die ihn aufhält. Nicht zu sehen sind die Kavernen, die im Berg angelegt wurden. Vor langer Zeit hat sich eine Regierung gedacht: Wir vergraben den Müll an Orten, die bereits kontaminiert sind. Drum ist der Berg von Mailuussuu vielfach gefährdet, wenn auch neuerdings bebaubar. Die Mehrheit unseres Ordens ließ sich davon überzeugen, dass im kirgisischen Terrain dem Glück nichts mehr im Weg stehen darf: Die Steuereinnahmen steigen, die Leistungen der Schulkinder geben zu Hoffnung Anlass, der Medikamentengehalt im Abwasser sinkt, im Amselgesang tauchen neue Variationen auf, das kann nachlesen, wer sich die Mühe macht, seinen Flug zu unterbrechen und das Bild, in dem er schwebt, in Ziffern aufzulösen. Dann steigt er ab in Datenreihen und erfährt auch, was auf der Eiche gemessen wird, die hoch auf dem Berg bei Mailuussuu steht. Seit Jahrzehnten fließt dort Regenwasser auf immergleichen Wegen ab, hinterlässt heiße Flecken, die wir messen, weil eine Installateurin die Eiche identifiziert und mit Sensoren ausgestattet hat; so stellen wir fest, dass die Luft nicht rein ist, auch der Boden gibt weiterhin zu Sorgen Anlass, aber im Kot der Kleinstadtbewohner, in den Hautzellen, die in Kopfkissen erfasst werden, findet sich keine Spur des verseuchten Staubs. Die Bewohner gehen gesunde Wege, sie halten sich an die Schranken. Nur die Reparaturquote im nahen Kraftwerk ist zu hoch. Die Behelfslösungen nehmen überhand – da macht alle paar Tage jemand Meldung – »Reparaturquote zu hoch« – wir sind eine Empfangs- und Bewertungsgemeinschaft geworden, die ganze Harmonie, alle Bürgerinnen und Bürger, die Türhüter, wir alle kontrollieren, was uns die Vernunft vorspielt, damit unsichtbare Regimenter die richtigen Befehle ausgeben. Eine Behörde in Mailuussuu wird beauftragt, neue Anreize zu setzen, im schlimmsten Fall Strafen auszusprechen –

Morgen wird unser Bild der Welt mit der neuen Version des Katasters aufgestartet. Die Grundierung des Bergs von Mailuussuu wird sich verändern, beim Überflug wird keine Druckstelle am Körper mehr zur Vorsicht mahnen. Auch wenn die Bodenpreise steigen, wird niemand Alarm schlagen. Baugesuche werden nicht mehr blockiert. Aufseher und Freiwillige werden ruhig durch das Bild dieses Terrains fliegen und sich sicher fühlen –

Es sei denn, eine Außenhorde zertrümmert heute Nacht unser Stammhaus –

Sie grölen schon an den Festbänken, schlingen Darmringe und Reis in sich hinein. Ich sitze Julieta sprachlos gegenüber, weil sie mit allen andern dreimal die Stirn auf den Tisch schlägt, mit wenig Anlauf und scheinbar ganz ohne Gefühl. Eine Schlange flieht aus ihrem Haarturm. Was das bedeutet, ist mir unklar. Ich sage nur ganz leise: »Wer ins Dornengestrüpp geflohen ist und die Schritte von Menschen hört, dem klopft das Herz vor Freude« –

Julieta hört mich und steht langsam auf. Gemeinsam verlassen wir die Küche und steigen zum Dachgarten hoch. An die Brüstung gelehnt überblicken wir den Moränenhügel und die Ebene, ein Lichtpfeil geht durchs Dunkel. Ein Strom von Menschen und Laternen verbindet den Klosterhof mit den ersten Häusern: Das Fest zur Übergabe des Katasters findet im Ort seine Fortsetzung. Durch dürres Laub und Terrassen sind Lichter auszumachen. Julieta nimmt meine linke Hand, dreht sie mit der Handfläche nach oben und schreibt mit einem Finger still hinein:

希

Ich erkenne das erste Zeichen von 希望, was »hoffen« bedeutet. Als Kind habe ich eine Eselsleiter gelernt, um mir dieses Zeichen zu merken; erst im Orden erfuhr ich, dass es sich dabei um die Abwandlung einer alten Gedichtzeile handelt: *»Der Stern der Hoffnung über dem Dach ist die Auszeichnung der Edlen«* –

Julieta denkt bestimmt an diesen Vers, den alle gelernt haben. Sie hält sich für edel. Die Installateurinnen pflegen seit langem einen seltsam verkehrten Kult um sich selbst, in ihren Außenhorden sehen sie sich als innersten Kreis des Ordens, dazu berufen, seine Reinheit zu bewahren. Von vielem, was für unsern Fortbestand wichtig ist, verstehen sie gar nichts, und trotzdem sind auch viele von uns, die in Häusern wohnen, ihrem Kult erlegen. Wir brauchen ihn, um die Ergebnisse der Messungen zu verteidigen. Die wahren Daten.

Da, wo Julietas Finger meine Handfläche berührt hat, bleibt ein warmes Kribbeln auf der Haut. Ich spreche von den vier Büchern des erhaltenen Textes der verlorenen Berichte über Zhou, womit sie weiß, dass ich im Stammhaus nicht allein bin. Eine bedeutende Fraktion unserer Schriftgelehrten hat das wahre Kataster heimlich gesichert, es wird dreifach aufbewahrt und kann jederzeit aktiviert werden, wenn die Samstagsversammlung ein Einsehen hat und die Gesandten umstimmt. Julieta schüttelt den Kopf: »Heute machen wir alles klar« –

Tatsächlich ist weit unten, in der Menschenmenge zwischen Kloster und Ort, eine neue Unruhe wahrzunehmen. Sind das Rosse, die da in die Menge drängen? Julieta schlägt mir einmal heftig auf die Schultern, dann geht sie davon. Weit unten treten giraffenähnliche Maschinen auf: Sie staksen in die Menge. Ihre Häupter hell erleuchtet rufen sie die Namen der Gesandten. Bürgerinnen und Bürger applaudieren. Sie freuen sich auf ein Spektakel –

Julieta sehe ich im zentralen Speisesaal wieder. Sie steht auf einem langen Tisch, der noch nicht abgeräumt ist. Halbleere Gläser, verschmierte Teller und Stäbchen reihen sich aneinander, türmen sich da und dort. Installateure treiben die Gesandten vor sich her in den Saal. Brüder, die den Gesandten beistehen wollten, sind schon gefesselt. Auch Bürgerinnen drängen in den Saal, sie johlen. »Wir wollen keine Saalschlacht«, sagen die Obersten Fünf und bitten um einen geordneten Kampf. Wir lachen. Alles applaudiert dem Gesandten, der jetzt auf den zentralen Tisch steigt und Julieta aus zwanzig Metern Entfernung mit einer leichten Verbeugung grüßt. Er lächelt. Gut möglich, dass sich auch die Gesandten heimlich danach sehnen, keine Beamten mehr zu sein –

Julieta bietet ihm an, die erste Waffe zu wählen –
Drahtseile, die so leicht wie Seidentücher durch die Luft segeln, peitschen bald die Luft. Julieta stößt sich auf dem Seil, das sie selber durch die Luft spannt, ab, und fliegt über den Tisch. Der Gesandte bleibt seltsam ruhig. Erst als sein Seil Julietas zum ersten Mal berührt, wird deutlich: Seins ist geladen. Ein furchtsames Raunen geht durch die Reihen. Dieser Kampf ist ernst, dem Gesandten scheint ganz persönlich daran gelegen, Faktoren zu ändern, neue Berge zu bebauen. Auf die Macht der unsichtbaren Regimenter kann er im Moment nicht mehr zählen. Wir wissen alle, dass sie darauf programmiert sind, spontanen Volkszorn mit schnellen Kompromissen zu beantworten. So will es die Vernunft. Aber der Unmut soll sich nicht ausweiten, die Spannung im Ganzen darf nicht steigen. Der Zorn ist einzudämmen. Alle Geräte und Sensoren im Stammhaus gehen aus, das Spektakel ist isoliert. Niemand, der nicht hier ist, wird sehen können, wie Julieta mit dem Gesandten kämpft. Wenn sie gewinnt und die Menge ihren Sieg feiert, werden die Gesandten gezwungen, die Übergabe der Speicherplatten formlos zu wiederholen, ins Bild der Welt wird dann das wahre Kataster eingehen. Dann haben wir noch einmal Ruhe in Mailuussuu –
Die Menge brüllt jetzt, als seien wir in einem Konzertsaal für Kraftworte. Vielleicht stirbt Julieta oder der Gesandte, vielleicht setzen sie das Stammhaus in Brand. Jedes Ding, das kaputt geht, zeigt sich noch einmal in besonderem Glanz: Die Teller aus Porzellan, die durch die Luft fliegen, bevor sie zerschellen. Der Goldrand kleiner Becher blitzt auf. Dann klirren sie. Schwarze, rauchende Striemen bleiben auf dem Holztisch zurück, wenn der Gesandte zugeschlagen und Julieta verfehlt hat. Sie ist auf dem Rückzug, will ins Treppenhaus. Da sind die Räume kleiner, die elektrische Peitsche des Gesandten kommt schlechter zum Zug. Im Speisesaal muss Julieta noch einmal mit gezieltem Tritt einen Tisch durch die Luft schleudern, damit sie nicht getroffen wird. Der Tisch prallt gegen

den Gesandten und schleudert ihn an die Wand. Er liegt dann benommen zwischen Gaffern, die vor ihm zurückweichen, weil er sich aufrappelt und Julieta ins Treppenhaus folgt. Ich bleibe im Saal und lasse mir berichten, wie die Balustraden krachen – zu Kranichen geschnitzte Streben aus Buchenholz. Ich kann mir vorstellen, wie sich Julieta an der Hängevase durchs Atrium schwingt, die Vase fällt wenig später in den Teich am Grund aller Treppen: Frösche springen auf, Schlangen winden sich den Holzsplittern entlang zum Dachgarten hoch. Als wollten sie zusehen, wie sich Julieta dort neu bewaffnet. Sie wählt das Locheisen. Stolz jeder Installateurin. Im Notfall bricht sie ohne jede Maschine den Grund auf und verankert, was verankert werden muss. Julieta wirbelt das Eisen, als sei es ein Bambusstab. Der Gesandte ist stärker als erwartet. Auf dem Dachgarten demolieren sie Ming-Vasen und Statuen der Jungfrau Maria, auch hier geht eine Brüstung in Brüche. Bald kämpfen sie direkt am Abgrund und lassen einen tausendjährigen Olivenbaum durch die Luft segeln, sein Stamm zerbricht irgendwo auf dem Moränenhügel. Wenn es nur bitte hier oben zu Ende geht. Die Vorratskammer soll unversehrt bleiben –

Im Speisesaal wird vom Kampf berichtet, während Löschwasser auf den schwelenden Tischen verdampft. Wir sammeln Scherben. Julieta steht bald als Siegerin auf dem ermatteten Mann, der den Tunnelbau höher schätzt als die Sicherheit der Kavernen. Sie hält ihm das Locheisen über die Stirn. Er wendet den Blick ab und fällt in Ohnmacht. Wir legen ihn im Speisesaal auf eine Bahre, salben seine Wunden. Auch Julieta muss verarztet werden, während die Installateure unsere heimlichen Platten herbeischaffen. Wir jubeln ihnen zu. Ich weine vor Erleichterung, dass wir so rasch ans Ziel gekommen sind. Jeder Rest einer Tasse will mir als Trophäe erscheinen. Vor unseren Augen zerstören die Gesandten, was sie vor kurzem rituell entgegengenommen haben. Mit dem wahren Kataster lassen wir sie ziehen –

10.

Vor langer Zeit stand im Kuznezker Becken ein Junge am Waldrand und wartete auf Wölfe. Er wusste, dass Gott eine Erfindung, die Popen Verbrecher und die Heiligenlegenden Hirngespinste waren, aber das Experiment ging ihm über alles. Er wollte selbst prüfen, ob das sein konnte: »Ein reines Herz schreckt die Bestien.«

Als das Römische Reich im Westen schon zu Ende ging, wollte ein Kaiser die Christen zwingen, Göttern und dem gottgleichen Kaiser zu opfern. Sie weigerten sich zu Tausenden. Neue Todesarten wurden erfunden, um sie hinzurichten. Altbekannt waren die menschenfressenden Tiere. Schon lange warf man ihnen Verbrecher zum Fraß vor. Aber die Panther sind im Sprung verharrt und senkrecht aus der Luft gefallen, wenn sie einen Christen anfallen wollten – andere duckten sich ängstlich, wandten sich um und stürzten sich auf die Wächter. Nackt seien die Gläubigen dagestanden – nackt stand auch der Junge am sibirischen Waldrand und malte sich die Wölfe aus, die ihn holen sollten. Im Rudel würden sie aus dem Wald stürzen und plötzlich innehalten, vom Schock zerzaust würden sie sich zu Boden drücken und ins Holz zurückschleichen.

Der Junge wurde bald müde. Es war anstrengend, die Arme zu einer Geste des Kreuzes erhoben zu halten. Und je länger die Wölfe auf sich warten ließen, umso wahrscheinlicher wurde es, dass eine Nachbarin aus dem Dorf vorbeikam oder ein Kumpel. Da flog eine Hornisse auf den Jungen zu, setzte sich auf sein Haupthaar, entfernte sich, kam wieder. Er schloss die Augen und atmete ruhig, spürte sein Herz. Die Hornisse umkreiste seine Lenden, baute sich vor seinem Gesicht auf. Er rührte sich nicht. Da kam ihm ein Luftstoß zu Hilfe und wehte die Hornisse fort. Das Experiment blieb offen, dachte der Junge, zog aber eine leichte Hose und ein Hemd an. Er ging barfuß auf schwarzem Dreck in die Stadt zurück. Der Staub ließ seine Füße bekleidet aussehen.

Viele Jahre später sprach Anatol im Schattenloch von Verrückten, die sich freiwillig in die Flammen der Scheiterhaufen warfen, wilde Eber schilderte er und gehetzte Stiere. Er lachte den Jungen aus, der er gewesen war, und doch pflanzte er uns eine Zuneigung zum heiligen Prokopios ein, Einsiedler in Caesarea. Den hatte man schnell geköpft, aber sein Name blieb, wurde immer bekannter, verehrt im ganzen byzantinischen Reich, häufig verwechselt, verstreut bis in den Westen Sibiriens, wo ein Haufen billiger, selbst gezimmerter Häuser unter Kohlebergen und Kasernen den Namen Prokopjiewsk trug. Die Welt, die uns Anatol schilderte, legte sich um die Achse Palästina-Kuznezk, sie bildete einen Kontinent. Anatol hat gelacht, wenn er vom heiligen Antonius erzählte, der sich allein in der Wüste für den Weltuntergang bereithielt und erleben musste, dass der nicht kam. Es galt, noch viele Jahrhunderte auszuharren. Die Welt würde länger bestehen als gedacht. Also gründete Antonius ein Kloster, um nicht allein warten zu müssen.

»Wir sind ein Kampforden«, soll Petra zu Anatol gesagt haben, als sie erstmals über ihre Bildschirme Kontakt aufnahmen, »wir warten das Ende nicht tatenlos ab.«

In einer Lektion präsentierte sie uns Anachoreten, Säulenheilige, Derwische an der Straße von Melakka, japanische Bergasketen und Einsiedler im dunklen Wald, der ganz Europa überzog. Sie sprach von Menschenfresserei, die sich immer dann beobachten lasse, wenn ein Reich untergehe. Wenn der Handel plötzlich unterbleibt, Felder veröden, Früchte gestohlen und Häuser von bewaffneten Banden verwüstet werden, wenn Schulen verschwinden und nur noch einige wenige in Trutzburgen des Wissens lesen lernen. Sie müssen neue Lichtungen roden, neue Felder anlegen, um Schüler zu ernähren und um eine Gegend soweit zu befrieden, dass sich Bäuerinnen wagen, etwas auszusäen. Petra sprach von irischen Wandermönchen, die nach dem Ende des Römischen Reiches das Alphabet ins Hügelland an den Ufern des Bodensees zurückbrachten. Anatol sprang direkt zu Isaac Asimov und seiner Foundation-Trilogy, zur galaktischen Stiftung, die Wissen bewahrt, nachdem der Sternenstaat untergegangen ist. Von einer »wiederkehrenden Konstellation« sprach Anatol. Das Stift, die Stiftung, der Kampf- und Ackerorden seien eine mögliche Keimzelle von Zivilisation. »Aber«, schob er nach, »das Ende kommt sehr, sehr selten. Viel öfter wird es nur ausgemalt.« Wenn Petra mit Anatol über den heiligen Antonius lachte, der in der Wüste vergeblich auf den Weltuntergang wartete, dann lachte sie sich die eigene Angst von der Seele. Und erinnerte an den präventiven Schirm atomarer Abschreckung, unter dem sie aufgewachsen war. Sie beschrieb den Donner, der wie eine Bombe klang und alles auszulöschen drohte. Im Alter von etwa zwölf Jahren sei sie überzeugt gewesen, nicht älter als zwanzig zu werden. Das Ende des Kalten Krieges habe sie ungläubig zur Kenntnis genommen. Von der Hoffnung auf einen großen Frieden getragen, wollte sie die Welt sehen. Verliebte sich in einer fernen Großstadt und schaffte es nie mehr ganz zurück. Wenn sie zwischen zwei Jobs in ihre Stadt, nahe des Schattenlochs, zurückkehrte, kam sie nicht recht an. Sie nahm wahr, wie von Jahr zu Jahr die Straßen belebter, die Küchen besser, die Nächte leichter und froher wurden. Und gerne hielt sie sich eine Weile darin auf, fühlte sich aber als Gast in einem animierten Bilderbuch. Hinter und unter dem lockeren Treiben wirkten weiterhin Gewalten, die ganze Staaten explodieren ließen und Weltgegenden verheerten. Petra floh in Städte, die im Fernen Osten aus Kriegstrümmern neu erstanden waren. Armeen von Baumaschinen begegneten dort dem Elend und Petra rechnete mit, als Millionen von Eltern erstmals Rentenzahlungen leisteten und ihre Kinder an eine Universität schickten. In dieser Wucht fühlte sie sich geborgen. Der Untergang rückte in weite Ferne.

Im Herbst '16, als sich der Orden erweitert hatte und wir Neuen den Kuhstall bezogen, wurden die Randstunden zum Fest. Ständig bot sich eine Gelegenheit, das eigene Leben neu zu erzählen, in einer neuen Sprache. Es war, als würden wir nochmals jung und unbeschrieben. Das Wetter blieb mild genug, um abends unter einem Baum zu sitzen, scheue Fragen zu stellen, die Antworten durften lang sein. Unsere Geschichten wurden umso farbiger, je mehr Leute dabei zuhörten. Fast jede Nacht trank noch irgendwer spät in der Küche. Selten allein. Die Hecken und Sträucher schnitten wir mit mechanischen langen Scheren. Dazu wurde geplaudert. Die neuen Zimmer luden zu Besuchen; es gab Schwestern, die stundenlang zusammen auf einem Bett lagen, einander nicht anschauten, aber redeten, als müsse alles, was gewesen war, neu bedacht werden. Gerüchte blieben eine Weile lang aus. Wenn wir uns in der Frühe sahen, war es selbstverständlich, dass sich alle ein wenig in Céline verliebten. Niemand schämte sich dafür.

Als Betty im künftigen Festsaal von der Zukunft erzählte, ging das Bier nicht aus. Petra und Kurt tranken beständig, aber die meisten Neuen schienen sich an Anatol zu halten, der Tee aufgesetzt hatte. Er war strenger als Kurt, was den Alkohol betraf. Dass man ihn nicht verbot, war ihm recht, aber er beschränkte sich auf Wodka zu speziellen Gelegenheiten. Dann beschwor er den klaren Rausch, einen Überschuss an Gefühlen, der alle gleichzeitig fortriss. Im Alltag hielt ihn ein feines Regime von Oolong- und Grüntee am Laufen. Um neun Uhr abends trank er eine letzte kleine Tasse. Bis Mitternacht waren die Forscher in der Maschinenhalle zu Gange. Dass am Ende ein Schluck Rum helfe, direkt aus der Aufregung in den Schlaf zu fallen, sei eine Illusion, sagte Anatol. Es mache ihm nichts aus, noch eine Stunde mit flimmerndem Hirn auf seinem Bett zu liegen. Er mochte die Vorstellung der östlichen Kirchen, dass der Tageslauf am Abend begann. Aus dem Ende ging alles hervor. Mit nächtlichem Gesang starben die Mönche den Kreuzestod, um nach wenigen Stunden zu neuem Leben zu erstehen. Nächtlich ging die Welt unter. Anatol legte uns diese Ordnung der Tage in einer Lektion dar. Er wollte sie nicht durchsetzen, beschrieb sie nur, um Kurt entgegenzutreten, dem der heilige Benedikt lieb geworden war. In Nursia begann der Tag mit dem ersten Licht im Morgengrauen.

Jede Regel, die wir uns gaben, musste die leise aber hartnäckige Skepsis von Betty Wang überwinden und den offenen Widerstand Anatols. Ihm war Verfestigung suspekt. Die Mitte der Zeit, die in all seinen Erzählungen aufbrach, lag in Prokopjewsk, im Sommer 1989, als der Platz des Sieges ein gesetzloser Park geworden war. Wochenlang saßen hier ganze Familien oder sie flanierten – wenn nicht gerade Versammlung war. Nachts spannte sich eine Leinwand vor dem Himmel. Filme wurden gezeigt. Tagsüber wanderte das Mikrofon durch die Menge. Alles kam zur Sprache, was irgendwem wichtig schien, und weil sich alle plötzlich ernst nahmen, hörte auch immer jemand zu. Das Leben würde nie mehr dasselbe sein, war auch Anatol überzeugt, der am Rand des Platzes auftauchte. Als Besucher stand er da und sah seine Mutter, die Essen anschleppte und lachte, als sei sie zehn Jahre jünger geworden. Ein Kumpel nahm das

Mikrofon und sprach vom Arbeitsplan, den er selbst entwickelt hatte. Der Ein- und Ausgang in die Gruben sei neu zu regeln, Applaus. Dann war von Vitaminen die Rede, vom Asphalt, der den Staub eindämmen solle. Listen wurden verfasst, Forderungskataloge. Anatol arbeitete zu jener Zeit schon weit im Westen Russlands, in einer sauberen Anlage, die Strom produzierte. Die Arbeiter waren dort wie Wissenschaftler gekleidet. Soldatisch organisiert. Auf dem Platz des Sieges griff er nicht zum Mikrofon, denn er war hier schon ein Fremder geworden. Ein Gehobener. Er würde sich der Anarchie andienen müssen, die im Kuznezker Becken ausgebrochen war, auf den Donbass übergriff, weit im Norden neue Funken schlug. Die Staatsmacht wankte, das war allen klar. Anatol hielt sich ruhig und staunte, als ihm ein alter Freund gestand, er fühle sich schuldig am Fiasko der Sowjets. Man müsse sich aus den eigenen Fehlern hinauswinden, vorsichtig etwas Neues versuchen. Er war ins Komitee der Streikenden gewählt worden und erklärte Anatol, dass hier die Demokratie erfunden werde. Es sollte kein wohltätiges Zuhören und Weiterleiten mehr geben, kein Verwursten von Sätzen in bürokratischen Formeln. Von Stanislaw Lem sprach er und nannte den menschengefüllten Platz einen »denkenden Ozean«.

Zurück in seinem AKW gründete Anatol einen politischen Club. Sie diskutierten Bakunin und wurden schnell verboten. Aus Prokopjewsk war zu vernehmen, dass unter den Streikenden Streit ausbrach. Das Mikrofon wanderte nicht mehr auf dem Platz. Die Streikleitung führte Rednerlisten ein. Verhandlungen fanden hinter verschlossenen Türen statt. Was erreicht wurde, war vielen nicht klar. So verharrten sie in ihrem Park, auch wenn es regnete. Das Fest war vorbei. Der Lohn wurde leicht erhöht. Als sie zurück in die Gruben gingen, legte sich wieder schwarzer Staub auf die Stadt.

Schon als Student war Anatol aus diesem Schmutz in eine Reaktoranlage aufgestiegen. Er hatte von Anfang an in weißem Gewand gearbeitet, mit reiner Haut legten sich die Stromarbeiter schlafen. Der Lärm der Maschinenhalle war an den Schaltpulten nicht zu hören. Selbst der Dampf, der aus dem Kühlturm stieg, leuchtete in der Sonne: nichts als eine Wolke am Himmel. Aber als sein Club verboten wurde und ihm untersagt war, über Prokopjewsk zu sprechen, als Russland einen neuen Präsidenten wählte und nicht nur Kommunisten, sondern auch Kapitalisten gegen Streiks und Clubs vorgingen, als der Staat zerbrach und nur noch die Armee etwas Halt bot, wurde Anatol die Sauberkeit seiner Umgebung suspekt. In heimlichen Gesprächen war nicht mehr Bakunin Thema, sondern Sicherheit. Den Unfall in Tschernobyl stellten sie in Gedanken nach. Sie konnten sich gut vorstellen, wie es auch bei ihnen dazu kommen könnte. Dunkler als alle Kohle drohte ein langsamer Tod, den niemand sah. Anatol begann sich vor Ingenieuren zu fürchten, die sich wie Generäle gebärdeten und keine Widerrede duldeten. Schon sah er sich im Aufstand gegen eine Horde von Großmäulern. Auf der Suche nach dem Funken, der das Volksfest von Prokopjewsk neu entzünden würde, verließ er das AKW. Er kam an einer Schule unter, verkaufte im nächsten Jahr Zigaretten, grub auf verwaisten Feldern Kartoffeln aus. Dann stand er wieder an einem Waldrand, an einen Baum gekettet. Aktivisten, die sich der Natur verschrieben, hatten ihn aufgenommen. Sie wollten die Abholzung verhindern. Da war ihm wohl. Den Holzfällern mit den kranarmigen Maschinen blickte er gelassen entgegen.

Zwanzig Jahre später trug er einen Anzug ohne Krawatte, sein dunkelbraunes Haar war kurz geschnitten, sauber frisiert. Er saß vor dem Bildschirm eines Rechners und blickte Ate Petra ins Gesicht. Sie fragte: »Willst

Du ein geruhsames Leben führen und damit die Welt retten?«

»Ich will in Ruhe arbeiten«, antwortete er.

Russland war weit weg. Vom Waldrand hatte es ihn in die Zentrale eines Ökologenbunds gespült, von da nach London und Bonn, schließlich nach Genf. Dort sammelten sich die Vereinten Nationen und hunderte von Organisationen, die auf sie einwirkten; sie klappten sich vom Umland weg und drehten in sich selbst. In einem Niemandsland. Im Gespräch mit Ate Petra sprach Anatol über Ziele und Programme. Einige Finten, die ihm gelungen waren. Sie versuchten sich gemeinsam an einem polemischen Vokabular des Genfer und Brüsseler und Peking-Englisch. Amüsierten sich gut dabei. Dann sagte Anatol, er habe in seinem Leben zu viel geschrieben. Klimatisierte Sitzungsräume ertrage er körperlich nicht mehr, sie bescherten ihm Schüttelfrost und Fieberschübe. Nie mehr wolle er etwas ausarbeiten, das dann andere tun sollten. Keine Forderungskataloge mehr schreiben. Keine Empfehlungen oder Aktionspläne. Er habe gelernt, dass von einem bedrohten Kraut in Lima über die Steuerpolitik Frankreichs und chinesische Projekte eines Thorium-Reaktors alles zusammenhänge. Diese Komplexität sei zu bedenken, jahrelanges Ausharren an leerdrehenden Gesprächen gehöre dazu, sei mitunter notwendig. Jemand müsse mit wachem Geist dabeisitzen und den richtigen Moment erwischen, um auf oberster Ebene eine Weiche zu stellen. Einen Durchbruch zu erzielen. Diese Fähigkeit wünsche er den Jüngeren, die an seinem Stuhl sägten. Er wolle nicht mehr weiter aufsteigen. Werde Platz machen, wenn andere vorpreschten. Versenken wolle er sich stattdessen, sagte er zu Petra. Etwas tun. Eine einzige kleine Aufgabe richtig anpacken.

Als wir im Herbst '16 die Uniform erweiterten, weil es kalt geworden war, wandte sich Anatol gegen Bettys Vorschlag, gefütterte schwarze Regenmäntel zu kaufen. Ihrem Heimweh nach einsamen Streifzügen durch Hongkong konnte er nichts abgewinnen und weigerte sich, einen solchen Mantel auch nur anzuprobieren. Wir seien keine Mafia, sagte er. Wir kämen nicht aus der Zeit, als alles auseinanderfiel und Männer in Lederjacken oder Regenmänteln auftauchten, die Haare kurz geschoren. In schweren Stiefeln nahmen sie im Kuznezker Becken die Kohlegruben in Besitz, die Privatschulen und den Zigarettenhandel. Einige legten sich schicke Anzüge zu und zogen nach Genf, andere wurden ins Parlament gewählt und regierten bald das Land. Nie im Leben werde er in einem Regenmantel zum Treuhänder reisen, sagte Anatol in einer Samstagsversammlung. Also kauften wir Skijacken in Rot. Sie hätten uns leuchten sollen, als wir in Genf die Übersicht verloren. Die Ersten Fünf und das ganze Amt für Haus- und Betriebswirtschaft fuhren in die Stadt. Seit Monaten waren wir nicht mehr über den Hof hinausgekommen. Schon im Bahnhof verloren wir Céline. Mit Kurt suchte ich eine öffentliche Toilette. Ate fühlte sich ins Zentrum von Hongkong zurückversetzt, bald trieb sie allein um eine Ecke, suchte den Aufgang in ein Büchergeschäft, das nur durch Glaswände in den oberen Etagen zu sehen war. Weil auch Kurt nicht mehr zu Boden sah, sondern ein hilfreiches Zeichen über Kopfhöhe suchte, stolperte er über einen Treppenabsatz, schlug sich das Knie blutig. Wir blieben eine Weile sitzen und bildeten ein Hindernis für Menschenströme, die sich spalten mussten. Nicht einmal Anatol lachte uns aus, als er uns fand. Obwohl er diesen Ort gut kannte, hatte auch er die Orientierung verloren. Dafür sei ein Umbau verantwortlich, sagte er. Aber ich bin überzeugt, dass uns das Schattenloch den

Sinn für Bahnhöfe geraubt hat. Wir brauchen die Felswände um uns herum und einen Garten. Deshalb dauert es jetzt, wo wir wirklich zerstreut sind, so lange, bis wir in den fremden Ländern ankommen und neue Klöster gründen. Dass wir auf Bewilligungen warten, ist ein guter Grund, aber nicht der einzige. Wir haben den alten Hof noch in den Gliedern.

Die Ordensregel beengt uns nicht. Sie ist dünn geblieben. Viele bedauern, dass wir kein Jeepney mehr sind – wir wären gern ein Leben lang neben Betty Wang im Dunkeln gesessen, im Lärm geschaukelt, nur ab und zu vom wackligen Licht einer Glühbirne angeleuchtet. Aber es war bald nicht mehr selbstverständlich, wie es im Orden lief. Wir florierten und Zweifel kamen auf, woher das Geld stammte. Wie das mit dem Armutsgebot zusammenging. Ob wir nur einzeln arm waren oder auch als Ganzes. Entstand in Genf ein neues Klumpenrisiko, wollte die Masseurin aus dem Nachbardorf wissen. »Genf« wurde in ihrem Mund zum anrüchigen Wort. Ein Gerücht über Ate und Anatol verbreitete sich, sie führen aus eigennützigen Gründen regelmäßig weg – die Andeutungen wiesen über Geld hinaus. Dass bald von Sex gemunkelt wurde, brachte Céline in Rage. Am liebsten hätte sie nullkommaplötzlich einen Ausschluss angeordnet, oder mehrere; in unerwartet sonorem Ton forderte sie ein Ende des Gemunkels. Verklemmt würden wir kein Jahrhundert überstehen, sagte sie. Woher wir denn die Kraft nehmen sollten, ins Ewige zu denken. Eine Samstagsversammlung wurde umgewidmet. Draußen ließ ein starker Wind die Bäume rauschen. Da stand Betty auf und erzählte vom Tag, als Anatol ins Schattenloch gekommen war, am Küchentisch saß und sagte: »Was ich denke, ist streng privat.« Sie schlug vor, dieses Prinzip auszuweiten. Es müsse einen Bereich geben, der keiner Regel und keiner Versammlung unterstand. Wir nickten und so galt Anatols Prinzip im weiteren Sinn, recht unbestimmt, nach Bettys Vorschlag.

Wer Petras Tagebücher liest, kann sich vorstellen, dass sie bei Gelegenheit mit Anatol geschlafen hätte. Dazu ist es ziemlich sicher nicht gekommen. Das Zölibat der Ersten Fünf nährte sich vom Unerfüllten. Sie begehrten einander verquer, aneinander vorbei. Das hielt sie in Bewegung und doch verbunden.

In ihrem früheren Leben hatte Petra die Buchhaltung als einen Ort entdeckt, wo sich Liebschaften anbahnten. Sie konnte sitzenbleiben. Egal, ob sie in einer privaten Versicherung in Singapur arbeitete, bei einem gewerkschaftlichen Dachverband in Seoul oder einer kleinen Darlehenskasse in Hongkong: Überall nisteten sich im Januar und Februar die Geschäftsführerinnen bei ihr ein. Rund um den Globus ging die Zeit der transitorischen Buchungen zu Ende und der Jahresabschluss stand an. Die Verantwortlichen wurden zittrig, dankbar für jedes ruhige Wort und eine sichere Hand. Stieg die Nervosität noch weiter, blieben sie bei Petra im Büro und suchten mit ihr falsch notierte Buchungen. Sie wollten dabei sein, wenn dann doch alles aufging. Und tranken den Rum, den Petra bereithielt. Es gab Chefinnen, die ihr irgendwann erleichtert in die Arme sanken. Andere nahmen einen Scherz zum Anlass, um auszubrechen. Die Rechnung sollte ihnen plötzlich gestohlen bleiben, sie wollten alles vergessen und eine Stadt unsicher machen.

Der Darlehenskasse in Hongkong stand ein Geschäftsführer vor; auch er war nervös, wenn der Jahresabschluss anstand. Aber man durfte ihn nicht mütterlich beruhigen, das wäre ihm zuwider gewesen. Verbrüderung war angesagt: gemeinsamer Kampf gegen Fehler im Kontor. Petra entlockte ihm ein strahlendes Lächeln, wenn sie im richtigen Moment einen Fonds präsentierte oder eine Rückstellung, die alles wieder perfekt aussehen ließ. Ihre

Verbrüderung kippte in etwas Schwules, auch dafür war Petra zu haben. Aber alle Liebschaften blieben begrenzt. Meistens war sie die heimliche Dritte. In der Buchhaltung lebte sie irgendwie versteckt. Über eine Weiterbildung trat sie die Flucht an: Expertin für Rentenversicherung wurde sie und machte politische Empfehlungen, reiste zu Konferenzen. Die Liebschaften wurden noch kürzer. Oft waren sie nach wenigen Tagen in einer fremden Stadt vorbei. Aber viel mehr als eine Ehe vermisste sie die Hoffnung, die sie in jungen Jahren dazu getrieben hatte, ein Studium abzubrechen, ihre Eltern zu düpieren und ans andere Ende der Welt zu verschwinden. In einem gekühlten Büro in Manila kleine Spareinlagen zu verbuchen, war ihr damals als Beitrag zum Weltfrieden erschienen. Doch der große Coup, um kleine Guthaben schnell in Wohlstand zu verwandeln, blieb aus, sie zog sich in die Buchhaltung wachsender Pensionskassen zurück. Sie erlebte eine Krise, die Millionen von Altersguthaben vernichtete. Begann wieder von vorn. Zu Geld entwickelte sie ein freundschaftliches Verhältnis, auch privat, das wollte sie einer Sache zur Verfügung stellen, die besser und größer war als eine Rentenversicherung. In den Orden brachte sie ein kleines Vermögen ein und legte weiter an. Der Treuhänder, den ihr Anatol in Genf zuführte, erweiterte ihr Repertoire beträchtlich.

Im Orden konnte Petra nicht mehr im Hinterzimmer warten, bis ihr eine nervöse Chefin in den Schoß fiel. Betty wollte sich, was das Geschäftliche betraf, diskussionslos hinter sie stellen, Kurt sah gern von den Finanzen ab. Mit Anatol zu verreisen, war eine willkommene Abwechslung; seine Zuversicht, dass sie mit Banken und allen möglichen Institutionen würden spielen können, gab ihr Auftrieb, aber auch er tröstete sie nicht darüber hinweg, dass ihr Betty nicht mehr vertrauter wurde. Im Gegenteil. Je stärker der Orden wuchs, umso amtlicher begegneten sie sich. Und Betty misstraute allen Ämtern. Aber nicht dem Hausmeister. Während wir an heißen Tagen beobachten konnten, wie sie Kurt mit ihrem Frotteetuch den Schweiß vom Gesicht tupfte und sich die beiden während langfädiger Lektionen gegenseitig wachkniffen, kam es nur noch selten vor, dass Ate und Betty zu zweit vor dem Haus saßen. Ihr Gespräch, das in Hongkong begonnen hatte, kam ins Stocken. Dass Ate schließlich vorschlug, eine »Vita of Betty Wang« zu schreiben, war riskant. Betty sagte denn auch nicht gleich zu. Erst als sich die Zerstreuung abzeichnete, begann sie Auskunft zu geben. Ich vermute, dass sie sich im Dienst des Ordens dazu entschieden hat, legendär zu werden.

Wenn sie das Schattenloch einmal verlassen hat, dann allein. Sie reiste in jene Schneeberge, die ihr ein Filmchen in Hongkong einst vorgegaukelt hatte. Früh morgens fuhr sie zu einem Alpenpass. Wenn sie mittags auf einem Sattel stand und kein Hochhaus mehr sah, dann genoss sie das Wasser aus der Feldflasche, öffnete ein kleines Tupperware, aß kalten Reis mit zähem, fein geschnittenem Rindfleisch. Der Wind mochte ihr Hemd aufplustern, sie suchte sich keinen geschützten Ort. Er sollte ihr heftig ins Gesicht wehen, wenn sie die Krone des Festlands erreicht hatte. Frisch gebräunt kam sie am Sonntagabend ins Schattenloch zurück. So wurde sie dem Kindermädchen ähnlich, das mit den Fingern essen konnte, ohne sie klebrig zu machen, mit Worten spielen, bis sie nur noch zum Lachen waren.

Dass Kurt ernsthaft hoffte, irgendwann mit Céline zu schlafen, musste mit groben Scherzen bekämpft werden. Ab und zu gesellte sich Betty zu ihm, wenn er nachts noch in der Küche stand und darauf wartete, dass ein Neuer aus dem Kuhstall herüberkam, um einen Tee aufzusetzen oder einfach nur dazusitzen, während Kurt seinen Schnaps trank. Wir versuchten ihm beliebt zu machen, dass Céline eine Art Filmstar unseres Ordens sei. Weil sie immer ein wenig verschoben wirkte, kam ihre Stimme wie aus dem Off, wenn sie in einer Versammlung etwas sagte. Ihr Alt klang beschwörend oder betörend, je nach Situation. Sie sprach die wichtigen Dinge mit Bestimmtheit aus. Dazu war sie als Schriftgelehrte berufen. Gab sie morgens den Takt vor, schien sie mit allen gleichzeitig zu tanzen. Das wollte Kurt nicht genügen. Aber er versuchte Betty zu folgen, die ihm das Wort »Crush« erläuterte – in ihrer Jugend, als sie in einem schattigen Garten Bier trank, ständig neue Frauen kennenlernte und selten tanzte, habe jede Person mindestens einen Crush gehabt, jeden Monat einen neuen, das Geschlecht spielte keine Rolle. Ob verheiratet, hetero, fromm oder sonst wie unabkömmlich: »Nichts hindert dich, eine andere anzuhimmeln. Oder denk Dir 心上人, ›Mensch auf deinem Herzen‹: eine leichte Leidenschaft, die sich selbst genügt. Da muss nichts ausgesprochen werden.« Ein Vorbild sei ihr das für mönchisches Leben, sagte sie zu Kurt. Aber in seinem Englisch war *Crush* schlecht von *Crash* zu unterscheiden. Wir machten uns Sorgen um ihn. Céline dagegen nahm es mit einer Großmut hin, geliebt zu werden, die unwirklich schien. Sie hat uns gerettet. Auch Kurt ließ sich jeden Morgen in ihre Rhythmen fallen, als sei er ein wenig angekommen.

Nur Anatol war gänzlich immun gegen das Timbre in Célines Stimme. Er schien sich als Einziger zu ärgern, wenn sie in einer Lektion Fragen aufwarf, die nichts mit dem Thema zu tun hatten. Wenn Betty einwandte: »Geduld, der Zusammenhang wird deutlich werden«, verzog er das Gesicht. Aber es rührte ihn wohl, dass sie ausgerechnet ihn wirklich bezaubernd fand. Hätte er dieses Gefühl erwidert, wären wir die beiden schnell losgeworden. Ein coup de foudre wäre das gewesen und die Ersten Fünf hätten sich zweigeteilt, Zwei und Drei sind keine Einheit mehr. Fünf ist unsere liebste Primzahl, das Minimum in der Formelsammlung der Emotionen.

Dem Karussell an Vermutungen, wie es um Céline stand, machte die Schriftgelehrte in einer Samstagsversammlung ein Ende. Einen schimpfenden Sermon gegen die Masseurin aus dem Nachbardorf beendete sie mit den Worten: »Damit dass hier nie mehr jemand bekennen muss, will ich Euch sagen: Ich habe einen Liebhaber, der wohnt in Stuttgart und er geht Euch nichts an. Für Euch hat er keinen Namen und er wird hier nicht aufkreuzen. Wenn ich verschwinde, dann seid sicher: Ich werde zurückkommen. So sicher, wie Ihr auch. Wer fährt nicht gern allein weg, am Sonntag?«

Kurt hörte mit blankem Gesicht den scheuen Einwänden zu, dem Gestotter. Er verließ den Saal und fasste sich erst eine Woche später. Formulierte dann eine Regel. Man müsse neuen Brüdern klaren Wein einschenken, sagte er. Nicht jeder solle alles selber erfinden müssen oder den Kopf wundschlagen. Künftig solle gleich zu Anfang ein Dokument vorliegen. Die Einwände waren jetzt heftig, spöttisch bis beißend. Doch Kurt setzte sich durch. Wie so oft fand sich eine knappe Mehrheit dafür, etwas genauer zu regeln. Aus der Minderheit legte niemand ein Veto ein und so steht heute fest: »Die Verpflichtung gegenüber dem Orden geht jeder sexuellen oder freundschaftlichen Beziehung vor.« Anatol verbarg sein Gesicht in den Händen, als dieser Paragraph nach der Abstimmung noch einmal verlesen wurde.

Eine zweite Regel hatte ungeahnte Konsequenzen: »Von der Paarbildung unter Brüdern und Schwestern ist abzuraten«, hielten wir fest und ahnten nicht, dass im Windschatten der prominenten Verhältnisse eine echte Amour entstanden war. Der Totensänger aus einer Großstadt Ostasiens gab bekannt, dass er sein Leben mit dem Programmierer aus Chemnitz verbringen wolle. Beide dankten dem Orden, dass er sie zusammengebracht hatte. Etwas Neues sei hier aufgegangen und wolle genossen werden. Dass das bei uns nicht möglich war, sorgte für Bedauern. Aber es gab kein Halten. Der Paragraph blieb stehen.

Die Ämter schrumpften weiter, als sich die Masseurin aus dem Nachbardorf einer ungeahnten Feindseligkeit gegenüber sah. Niemand wollte mehr von ihr behandelt werden, ihre Vorschläge für die Speiseplanung wurden abgelehnt. Petra und Céline versuchten, den Schaden zu beheben. Aber die Masseurin packte ihre Sachen und verschwand. Niemand sprach von einem Ausschluss, eines Tages war sie einfach weg. Viele waren erleichtert, aber Ate beruhigte sich nicht. Sie schlug vor, als größere Gruppe nach Genf zu reisen, um auch punkto Finanzen klare Verhältnisse zu schaffen. So verloren wir uns im Labyrinth des Bahnhofs, fanden wieder zusammen. Wir suchten den Treuhänder auf. Da saß auch ein älterer Herr, der sich seit Wochen wünschte, Anatol persönlich kennenzulernen. Sein Geld sei ihm unheimlich geworden, sagte er, etwas Großes stehe noch aus. Betty lächelte, wie ihr Anatol zu lächeln angeraten hatte. Célines Gesicht wirkte immer freundlich. Dass Petra und Kurt ernst blickten, schadete nichts. Der reiche Herr mit Wurzeln im Kuznezker Becken legte Wert darauf, dass seine Spende gut verwaltet würde. Eine seriöse Buchhaltung stand der Hoffnung nicht entgegen, die er in uns setzte. Wir konnten zu Hause im Schattenloch ein einfaches Geschäftsmodell erläutern: Je ärmer wir waren, umso reiner schienen wir den Herren, die sich mit Schaudern an das Wort »Liquidator« erinnerten. Sie sehnten sich nach einfacher Güte und waren bereit, viel dafür zu geben. Nicht nur aus Russland kamen sie, an vielen Orten der Welt erwachte das Gewissen älterer Herren, die schnell zu sehr viel Geld gekommen waren. Nahte der Tod, wollten sie plötzlich wissen, dass es noch Menschen gab, die den Untergang der Welt aufschoben. Popanz oder Geschwurbel hätte diese Spender abgeschreckt. Anatol vermittelte ihnen flüsternd eine kleine Hoffnung. Bald musste er gar nichts mehr sagen. Unser Ruf war stark genug und das Geld floss, meist anonym. Mir war das am Anfang unheimlich, aber ich nahm mir an Céline ein Vorbild, an ihrer Großmut: Wenn ihr uns heiligen wollt, dann sagen wir Danke.

Mit dem Austritt der Masseurin verschwanden die Zweifel an diesem Geschäftsmodell allerdings nicht, im Gegenteil. Immer häufiger fiel in Samstagsversammlungen das Wort »Dekadenz«. Wir müssten uns wappnen, hieß es. Dürften niemandem auf den Leim kriechen, nicht in den Seilen hängen, nichts schleifen lassen. Petra konnte richtig wütend werden, wenn ihre finanziellen Erfolge Skepsis schürten. Betty stand ihr bei, als ein Mitglied auf ihre Geschichte von der Zukunft der Türhüter verwies, sie als Beleg anführte, um vor allzu großem Wachstum zu warnen. Man sei den Spendern zu nichts verpflichtet, sagte Betty ruhig. Ohne Geld verkäme man noch schneller.

Tita Celia hatte geschrieben. Der Tantenhimmel in Manila war in Aufruhr. Es stand eine Krebsoperation an und Chemotherapie. Tita Gloria fürchtete einen zweiten Hirnschlag. Und das Geld war alle. Die Spitäler teuer. Auch die Reha. Betty wollte sich nicht auf den philippinischen Standard verlassen. Sie loggte sich wieder häufig ein, um Anweisungen zu geben und zusätzliche Behandlungen zu organisieren. Auch Anatol wurde um Geld gebeten, das Leben retten konnte. Nicht irgendwann in der Zukunft, sondern übermorgen. Ein Bypass musste her. Wer schon nicht daheim war, um Verwandte und Freundinnen zu pflegen, der sollte wenigstens zahlen. Aus der Alimentenkasse für Kurt wurde ein allgemeiner Kranken- und Abhängigenfonds. Für einmal war es Betty, die sich dafür einsetzte, etwas ganz genau zu regeln. Mit einer allgemeinen Idee wandte sie sich an Ate Petra und die stellte Berechnungen an. Es ging ihr um die Wahrscheinlichkeit, an einer bestimmten Diagnose zu sterben, das heißt, um den durchschnittlichen Versicherungsgrad einer Bevölkerung und die Ausstattung öffentlicher Krankenhäuser. Ate schlug unterschiedliche Quoten vor, nach Ländern gewichtet. Betty schwang oben aus, gefolgt von Anatol. Die beiden hatten fortan am meisten Geld zur Verfügung, um etwas zu überweisen, wenn sie darum gebeten wurden. Bald nannten wir den Fonds nach einem Fußballer, der sich damit brüstete, ein ganzes Dorf auszuhalten.

Es ging uns gut. Das Risiko war schön verteilt: Die Konsorten überwiesen noch immer monatliche Beiträge und die Spenden flossen prächtig. Petra legte mithilfe des Treuhänders unser privates Vermögen an. Wir investierten ins Simulatorium, das führte zu neuen Aufträgen. Ein Geflecht von Einnahmen entstand und niemand musste mehr knausrig sein, obwohl wir einzeln alle arm blieben.

Dass die Masseurin, der Totensänger und der Programmierer aus Chemnitz den Orden verließen, sorgte noch eine Weile für Bestürzung. Aber wir sahen dann ein: Benedikt von Nursia hatte das Noviziat mit Recht eingeführt. Man kann nicht von null auf hundert. Um uns weiter zu beruhigen, übten wir im Simulatorium die Zukunft ein.

Steinschlag

Ein Szenario,
programmiert vom Amt der Forscher
unter Anleitung des Anatol T.,
seit Januar '17
über tausendmal gespielt

Die Anfänger lernen, in einem fremden, nicht menschlichen Körper zu gehen, wobei gehen ein falsches Wort ist, wir haben nämlich keine Beine, sind kissenartig reptil, so braucht man uns keine glatten Oberflächen zu bauen, wir bewegen uns, wenn wir etwas geübt haben, problemlos über Geröllhaufen und Trümmer, durch roh ausgebohrte Durchgänge, wobei auch Gänge nicht ganz das richtige Wort ist, es sind Kriechröhren, wenn wir unsere Fortbewegung mit zwölf Stundenkilometern Kriechen nennen wollen; jedenfalls bleiben wir am Boden, fliegen können wir noch nicht, das wäre die nächste Stufe, sagt Anatol, die nächste Stufe neben Nano, wir werden irgendwann als denkende Kleinstteile in den Stein eindringen und Moleküle reparieren.
Im Simulatorium ist ein Erdbeben programmiert, Felsbrocken fallen von den Decken, wir können auf Automat schalten, werden dann bewegt, geschleudert, in Sicherheit sind wir hundertmal neu, aber wir wollen auch selber reagieren, falls die Automatik ausfällt, das bedeutet: Sprungtechnik, von einem Körper ausgelöst, der mit dem Kissenreptil nichts gemeinsam hat, auf abstrakte Kraftentladung und Richtungen müssen wir uns konzentrieren, wenn unsere Beine und Hüften stellvertretend springen, beim Abstrahieren hilft die Graphik der Kavernen, denn sie ist sehr glatt.
Was uns das Simulatorium in den Helm spielt, wird eines Tages vom Gefährten im Fels gefilmt, also sehen wir dann in Echt-

zeit, wo unsere Bewegungen hinführen, wo das Viech, das wir Schleiche nennen, der Hitze trotzt, dem Steinschlag, der Finsternis: Die Hitze müssen wir nicht nachempfinden, denn die Schleiche schwitzt nicht, sie würde Alarm schlagen, gäbe ein Teil in ihr nach, käme die Elektronik zum Erliegen, dann würde unser Bild ersterben, dieses Bild von der Kaverne, die uns schön hell erscheint, obwohl die Schleiche im Dunkeln arbeitet; wir sehen klare Flächen, Ebenen, markante Ecken, Schatten fallen sogar, damit wir ein Raumgefühl entwickeln, das soll alles realistischer werden, sagen die einen, aber ich gehöre zur Trickfilmfraktion: Ich will es künstlicher, mir soll hier nichts vorschweben, nur Informationen brauche ich, obwohl ich andererseits das Gefühl ganz gern mag, wenn mir im Simulatorium die Welt geglättet erscheint, verständlich und regelmäßig, es ist dann, wenn ich den Helm abnehme und aus dem Anzug steige, ein echter Schock, Staubhaufen in den unbegangenen Winkeln der Maschinenhalle zu sehen, Reste von Vogelschiss auf Anatols Uniform, Altersflecken auf seinen Wangen, eine Runzel, uneben ergrautes Haar, das müsste alles nicht sein, lullen die Höhlen im Stein, ein Atmen des Berges meine ich zu hören, wenn ich in Helm und Anzug in die Zukunft der Schleiche krieche.

Das fängt immer wieder von vorne an, mit jeder Übung geht es neu los: Immer stürzen diese Felsbrocken auf uns ein, meistens werde ich getroffen, gehe kaputt. Neustart.

11.

Im November ’16 vermisste Petra die Farben. Sie schrieb vom grauen Himmel, der alles einnahm. In ihrer Kammer, die auch ein Büro war, hielt sie es manchmal nicht mehr aus, ging dann eine Weile durch den Wald. Sie fand Haselnussstauden mit großen gelben Blättern. Daran sah sie sich satt. Im Dezember blieb nur Moos, das da und dort in Polstern den Laubteppich unterbrach. Es leuchtete im Regen gelblich grün und ersetzte das Sonnenlicht für kurze Zeit. An einem faulenden Eschenstamm, der entwurzelt auf dem Waldboden lag, wuchsen dreierlei Pilze: lilafarben, feuchtglänzend, weiß gerandet. Petra malte sich aus, wie dieser Eschenstamm vollständig zerfiele. Es schien ihr ausgemacht, dass wir dabei zusehen würden.

Im Februar ließ sich das Laub im Wald dann brechen. Es war gefroren wie die kleinen Berge von Wurmexkrement, Ausstülpungen des Bodens, die weiß gepudert aufragten. Petra fragte sich, wo die Hornmilben im Winter blieben.

Und dann, am 25. Februar, hörte sie beim Turnen am Morgen die erste Amsel. Es war noch dunkel und Petra hatte sich mühsam aus den Kissen gekämpft. Die Amsel musste schon geübt haben, denn ihr Gesang klang gefestigt. Klare Strophen reihten sich aneinander, in Variationen bildeten sie eine Serie. Die Pausen zwischen den Strophen erschienen Petra als reine Spannung. Sie würde auch so ein Element werden: eine kräftige Koloratur, ein markantes Arpeggio, ein Lachen in Sechzehnteltriolen. Und irgendwann, in einer viel späteren Serie, würde sie wieder auftauchen.

Betty erzählte vom Bergasketen, der sich ein Nest in einem Baum gebaut hatte. In einem Wald, wo ewiger

Sommer war. Der Mönch verließ das Nest sein Leben lang nicht mehr. Rund um ihn her siedelten sich Tiere und Vögel an und genossen seine Gesellschaft.

Eines Tages werden wir den Winterschlaf erfinden, sagte Kurt.

Im Februar stand auch der Jahresabschluss an. Wir erhielten seltsame Ermahnungen. Den Konsorten wollte nicht einleuchten, wie wir ihre monatlichen Beiträge von unseren eigenen Einnahmen aus Geldanlagen, Spenden und Aufträgen abgrenzten. Sie warfen alles in denselben Topf. Eigen- und Fremdkapital definierten sie anders als Ate Petra. Wochenlang dachten wir, es müsse sich um ein Missverständnis handeln, die Nachrichten wurden gereizter und dann realisierten wir, dass die Finanzabteilung der Konsorten die Wirklichkeit radikal anders sah als wir. Sie verstanden uns als irgendwie losgelöstes, bald einmal selbsttragendes, aber doch befehlsabhängiges Eigentum des Konsortiums. Das kümmerte zuerst nur uns im Amt für Haus- und Betriebswirtschaft. Eine Mitarbeiterin aus der Zentrale drohte, alle Zahlungen einzustellen, wenn wir ihrer Darstellung der Bilanz nicht zustimmten. Alles, was in den vergangenen zwei Jahren entstanden sei, entspringe dem finanziellen Anschub durch das Konsortium, den horrenden Zahlungen. Ate Petra informierte in einer Samstagsversammlung und versetzte Anatol in Alarmstimmung. Er legte den Finger auf »immaterielle Güter«, die in der Bilanz der Konsorten auftauchten. Urheberrechte. Mögliche Patente. Was er im Simulatorium erfunden habe, sei das Innerste des Ordens, ein Klosterschatz. Das müsse aus den Büchern der Konsorten verschwinden. Selbstverständlich dürften sie keinen Zugriff auf unser privates Vermögen haben und auf die Spenden. Als wir in diesem Februar '17 in der großen Gruppe nach Genf reisten, trafen wir nicht nur den Treuhänder, sondern auch einen Wirtschaftsanwalt. Wir machten Notfallpläne. Eine Stiftungsurkunde wurde vorbereitet.

Inzwischen hatte sich ein sachter, gelber Schein über die Waldränder gelegt. Er war kaum vom Braun der nackten Stauden zu unterscheiden. Und doch versah er die Landschaft mit einer neuen Note. Erst aus der Nähe wurde deutlich, dass der Haselnuss blühte. Der Frühling würde kommen. Auch die Weiden knospten. Das schien mir unwirklich. Die Lektionen und Stunden im Simulatorium hatten mir einen tiefen Zweifel eingepflanzt. Nicht einmal dem Jahresablauf traute ich noch. Umso praller war das Gefühl, als im März alles kurz vor dem Ausbruch stand, die Knospen standen zum Platzen bereit. Im ganzen Orden war die Freude an diesem Frühling überschwänglich. Petra schrieb in ihr Tagebuch: »Je älter ich werde, umso körperlicher freu ich mich über jedes Anzeichen, dass es nochmals losgeht.«

Am 30. März haben wir eine Lektion unterbrochen, weil wir den Geräuschen nicht widerstehen konnten, die von draußen hereindrangen. Das Trommeln eines Spechts. Und das Summen im Kirschpflaumenbaum. Die Blüten waren aufgegangen und zogen Insekten an. Hummeln bewegten sich wie schwere Tanker zwischen den Bienen durch. Erst auf den zweiten Blick waren schlanke Wildbienen zu sehen, die waagrecht in der Luft stillstanden. Auch Kleinstflügler, Mücken ähnlich, näherten sich den Blüten. Das war ein Fest, man konnte es nicht anders nennen.

Im Garten hörten wir auf der untersten Terrasse ein Rascheln. In altem Gras hatte sich trockenes Laub verfangen. Eine Amsel konnte sich da nicht verstecken. Schon war ein brauner Schwanz zu sehen, er schwang elegant zwischen den Halmen: Eine Eidechse, aus der Starre erwacht in der Sonne. Alles zum ersten Mal, alles an einem einzigen Tag. Erwachsene standen stockstill vor dieser Terrasse und starrten auf das Viech. »Wie ein Krokodil«, flüsterte einer. »Der Orden ist ein Jungbrunnen«, schrieb Petra in ihr Tagebuch.

Die Zerstreuung nahm mit einer elektronischen Nachricht ihren Anfang. Bis heute ist nicht klar, ob sie mit dem Gezänk um den Jahresabschluss zusammenhing. Vielleicht kam sie aus einer ganz anderen Windung des Apparats, den wir Konsorten nennen. Die Nachricht war an Petra adressiert und ging fast unter im Allerlei des Posteingangs. Kein rotes Fähnchen, kein besonderer Piepston verriet, was da mitgeteilt wurde. Von einem Herrn, dessen Name wir kaum gehört hatten. Er schrieb, in etwa, dass er sich bedanke ... unschätzbar ... die Führung habe beraten ... drei Pilotprojekte ausgewertet ... man sei beeindruckt ... leider ... ein anderes Modell ... Erfahrung sichern ... nichts sei umsonst gewesen.

In der Versammlung, die Petra noch am selben Abend einberief, stand das Wort »Pilot« im Weg. Es verhinderte ein Gespräch, weil immer wieder jemand fragte:

»Pilot?«

»Was heißt denn das?«

»Pilot - projekt?«

»Wussten wir das?«

Womit schon die unausgesprochene Frage im Raum stand: Wusste Petra, dass wir nur provisorisch in Kraft gesetzt waren, hatte sie etwas überlesen oder verschwiegen? Sie war vorbereitet und breitete Dokumente aus. Wir versuchten, den Namen »Arbeitsgruppe Transtemporaler Kompetenzerhalt« selbstkritisch zu deuten. Das Wort »Pilot« kam nirgends vor. Ein katholisches Seminar in Singapur war kein einziges Mal erwähnt. Wie sollten wir vorhersehen, dass das unsere Konkurrenten waren? Dass die mehr Sicherheit versprechen würden?

Die Wut, die sich in allen Mägen ballte, während die Worte der elektronischen Nachricht langsam einsanken und verständlich wurden, richtete sich nicht auf Petra, sondern auf ihren alten Bekannten, den Zuständigen, auf den unbekannten Herrn, der die Nachricht unterschrieben hatte, und auf alle Konsorten, die sich um ihn schlangen. Immer wieder verließen einzelne den Raum, um irgendwo laut auszupusten, zu fluchen oder seit langem zum ersten Mal eine Zigarette zu rauchen. Niemand weinte. Dafür schien alles noch zu unwirklich.

Der Schiffsmechaniker bat Céline, im Festsaal Musik aufzulegen. Aber sie wusste nicht, was abspielen. Zu dritt saßen sie vor einem Bildschirm und klickten Stücke an, klickten sie gleich wieder weg. Die Forscher hatten einen dichten Kreis um Ate Petra gebildet. Sie wollten handeln, noch in derselben Nacht, denn die Nachricht der Konsorten endete nicht in höflichem Bedauern. Der Herr wurde konkret. Er setzte Fristen der Abwicklung. Der »Übergabe«. Das katholische Seminar in Singapur solle von unseren Erfindungen profitieren. Finanzielle Forderungen waren in Zahlen ausgedrückt. Deshalb musste alles sehr schnell gehen. Im Simulatorium wurden die Programme abgekoppelt und neu verschlüsselt. Obwohl wir noch keinen Plan hatten, begann Anatol seine Maschinen zu zergliedern und zu verpacken. Auf Fragen gab er keine Antwort. Hätte ihn jemand aus der Maschinenhalle holen wollen, wäre er außer sich geraten. Nach zwei Tagen kam er abgekämpft an den Esstisch und sagte: »Diesmal werde ich nicht Platz machen. Für niemanden werde ich zur Seite treten. Diese Modelle sind mein Werk und sie werden es bleiben. Entscheidet, was ihr wollt, aber das Simulatorium wird unter meiner Regie wieder anlaufen.«

Niemand widersprach und bald reisten wir alle nach Genf, um uns zu verwandeln, wir wurden eine neue juristische Person. Komplett unabhängig. Nicht alle verstanden, was sie auf dem Notariat unterschrieben. Sicher war nur, dass unser Eigenkapital in der neuen Stiftung gut aufgehoben sein würde. Schon fuhr im Schattenloch ein Laster mit einem Übersee-Container vor. Die Forscher und Maschinisten erlaubten uns nicht, ihnen zu helfen. Die Demontage nahmen sie im kleinen Kreis vor, jeden Bestandteil prüften sie noch einmal und beschrifteten ihn. Der Container sollte auf demselben Schiff wie Anatol und Kurt den Atlantik überqueren. In Südamerika haben sie einen sicheren Hafen für sie gefunden. Wie wir hören, nimmt das Simulatorium seinen Betrieb bald wieder auf.

Die neue Stiftung sorgt für das Nötigste, sie schiebt uns an. Wir wollen vier neue Häuser kaufen. Brauchen Einnahmen. Mit Betty Wang und einem Ingenieur bin ich in eine Stadt gezogen, die uns allen fremd ist. Aber die Leute sprechen hier Englisch. Betty findet das entspannend, sie hat auch schnell Arbeit gefunden und Freundschaften geschlossen. Eine neue Schwester hieß uns in ihrem Personalzimmer willkommen. Der Ingenieur und ich verlassen es nur selten. Solange unser Aufenthalt nicht geregelt ist, sprechen wir stundenlang in unsere Bildschirme. Vor einigen Tagen sind Betty und die neue Schwester weggefahren, um einen Hof zu besichtigen. Er liegt in nächster Nähe eines Zwischenlagers. Sein Besitzer ist bereit, unserem Orden beizutreten, wenn wir uns gemeinsam um seine greisen Eltern kümmern. Ich rechne. Alterspflege gehört nicht zum Kern unseres Auftrags, aber wir könnten als Heim überleben, solange uns die Betreiber des Zwischenlagers nicht anerkennen. Betty Wang wird uns anleiten. Wir werden Brüder und Schwestern anwerben. Sie können auch pflegebedürftige Eltern in die Gemeinschaft einbringen. Renten, Versicherungsleistungen, Hilflosenentschädigungen und Spenden werde ich verwalten, umpolen. Damit wir weiter forschen können. Auf jedem Kontinent erfinden wir ein neues Geschäftsmodell.

Bis wir auf den Hof umziehen und das Altersheim eröffnen, gehen die Tage ineinander über. Sie wirken endlos und mir scheint, als seien wir erst gestern alle zusammen in einem Notariat in Genf gestanden. Ein Gelübde hätte ich mir weihevoller vorgestellt. Céline wäre bereit gewesen, ein Ritual anzuleiten. Aber die Zeit drängte, Anatol setzte sein Tempo durch. Wir standen vor der simplen Frage: Bleiben oder gehen? Geld zurück? Alle sprachen sich in ihrem Amt ab, bevor wir nach Genf fuhren. Kurt weinte.

Dass im April '17 zwei Wochen lang der Frost wütete, sah niemand als schlechtes Omen. Der große Rosmarinstrauch, der schon da gewesen war, als Betty und Petra im ersten Herbst angekommen waren, starb ab. An den Beerensträuchern hingen kleine Früchtchen schwarz am Ast. Die Mirabellenblüten: erfroren. Ein schlechtes Jahr für Obstbauern. Aber im Orden schlug die Wut über die Konsorten in eine rasende Zuversicht um. Niemand wollte austreten. Auf das Schattenloch waren wir nicht angewiesen. »Kein Mensch wird an den Folgen eines Endlagers für nukleare Abfälle sterben«, zitierte ein Bruder aus dem allerersten Papier. Abgebrannte Brennstäbe lagern in mindestens 31 Ländern, Abfälle aus der medizinischen Radiologie verschwinden überall auf der Welt. Um das alles zu sichten, seien wir berufen, fuhr der Bruder fort. Wir teilten uns auf, um uns auszubreiten. Um dem Müll in die letzten Winkel zu folgen.

Zuerst studierten wir die Liste der Zwischenlager, vertieften uns in Daten zum Salzstock in Gorleben und zu den französischen Plänen in Lothringen. Wir vertieften uns in Satellitenaufnahmen von Sellafield und Carlsbad New Mexico, Östhammar, Jadugoda, Asse, Tscheljabinsk. Wo wären wir am nützlichsten? Wir suchten wieder Novizinnen und zogen ihnen entgegen. Unser Geld war vorerst gerettet. Für eine Weile waren wir selbsttragend.

Etwas früher als geplant. Etwas Hauruck. Die Konsorten drohten mit Betreibungen und Gerichtsverfahren. Es reichte ihnen nicht, dass der Klosterhof im Schattenloch mit allen Um- und Ausbauten in ihrem Besitz blieb. Auch die bewegliche Habe forderten sie, flüssige Mittel und, wie befürchtet, »immaterielle Güter«. Zwei Klagen seien gerichtlich abzuwehren, sagte unser Anwalt in Genf, eine sei auszusitzen. »Kein Problem«, erwiderte Ate Petra, »wir denken in weiten Zeiträumen.«

Reisefieber kam auf, als die ersten Flugscheine, Visa und Fahrkarten bestätigt wurden. Wir verglichen Bodenpreise. Nahmen fast belustigt zur Kenntnis, dass die Konsorten eine öffentliche Schmähkampagne gegen uns starteten. Journalistischen Anrufen und Besuchen begegneten wir freundlich, in allen Fragen des Atommülls informativ. Mit zunehmender Öffentlichkeit vermehrten sich die Stimmen, die wussten, was wir tun sollten und wie wir hätten beginnen sollen. Ganz anders nämlich. Sie dichteten uns neue Namen an und schrieben darüber, wer wir eigentlich seien. Solche Stimmen schirmten wir ab. Sie störten die Konzentration, die wir so nötig hatten. Im Stammhaus fiel sie uns leicht. Da begann noch einmal ein Sommer.

Was vor wenigen Wochen erfroren war, verschwand im strotzend grünen Jungwuchs. Es tat uns leid, nicht mehr zu jäten. Nichts mehr zu pflanzen. Aber in Bettys Augen meinte ich eine diebische Freude zu erkennen, wenn sie abends die Terrassen überblickte und feststellte, dass die Beete jeden Tag stärker überwuchert wurden. Der Juni war ein Treibhaus, in dem alles nochmals ausschlug, was wir bald zurücklassen würden. Eine Wildnis brach sich Bahn. Die Gartenarbeit war ausgesetzt, aber unseren Tagesablauf hielten wir strikt ein. Um in der Zerstreuung nützlich zu sein, mussten wir noch viel lernen. Die Samstagsversammlung widmete sich dem Abzug, den Céline schon bald den Auszug nannte. Am Nachmittag gingen die Ämter ihrer Arbeit nach. Die Schriftgelehrten ordneten an: Es wird geschrieben. Wir überliefern. Als das Simulatorium verpackt war, gingen die Forscher daran, »Die große und erweitere Formelsammlung des Anatol T.« abzuschließen. Ate Petra saß mit der Medica zusammen und in wenigen Wochen entstand die »Vita of Betty Wang or the beginning of our common life«. Kurt hielt den aktuellen Stand der Ordensregel in einem kurzen Dokument fest. Nur Célines »Notate« wurden nicht fertig. Sie probierte Beats aus am Abend und einige tanzten dazu. Es kam zu keiner Party. Sie nahm die Geräusche aller Motoren auf, die Kurt auf dem Gelände letztmals abspielte. Die handwerklichen Maschinen mussten wir zurücklassen. Nicht allen reichte ein Schnappsack, als wir das Schattenloch verließen, aber mehr als ein Rollkoffer lag nicht drin. Kurt war in seiner Werkstatt mit Verpackungen beschäftigt. Pinsel, Tuschestein und Stempel sind in einer Schachtel sehr gut aufgehoben, aber eine Schachtel nimmt unnötig Platz ein. Hüllt man die Pinsel in leichtes Tuch, können sie brechen und der Tuschestein liegt ihnen gefährlich auf. Kurt entwickelte Seidenteppiche, die aufgerollt wie Schachteln schützen, aber besser zu verstauen sind. In kleine Dosen aus feinstem Aluminium setzte er passgenau Wändchen ein, um Nippes sicher zu transportieren. Wir besorgten uns Kleinstfläschchen, um die Gesichtshaut auch weiterhin ausgiebig zu schützen und zu pflegen. Kurt schien nochmals aufzublühen in der Aufgabe, unmögliche Gegenstände herzustellen: Leicht, aber stabil, biegsam, aber schützend, langlebig, aber einfach herzustellen, persönlich, aber flexibel verwendbar, billig, aber aus richtig schönem Material.

Die Ersten Fünf und alle Ämter gingen in der Zellteilung auf. Wir leiteten die Vermehrung ein, um unser

Wissen auszubreiten und an unterschiedlichsten Orten wieder fünf zu werden. In die Ferne gingen wir viermal zu dritt. Kurt und Anatol bauen in Südamerika das Simulatorium wieder auf, Céline wartet in einer chinesischen Großstadt darauf, in die Wüste umzuziehen, und Petra bleibt im französischen Umland von Genf. Sie hält den Kontakt zum Anwalt und zum Treuhänder aufrecht.

Im Altersheim, das ich hier in diesem englischsprachigen Land mitbegründen werde, stehe ich dem Amt für Haus- und Betriebswirtschaft vor. Zur Beruhigung hat mir Ate Petra Auszüge aus ihrem Tagebuch mitgegeben. Ich soll mir ein realistisches Bild vom Anfang machen. Betty Wang glaubt felsenfest, dass wir alle nötigen Bewilligungen erhalten werden. Unser Forscher lernt besser Englisch und lässt uns rechnen. Céline sendet Notate aus China und fordert uns auf, Unfälle zu studieren. Das schärfe den Sinn für den Kern unseres Auftrags. Sie spricht auf Audiokassetten und singt uns vor. Mehrere Wochen sind die Kassetten per Post unterwegs. Die Stimme, die wir hören, erkennen wir kaum wieder. Sie klingt seltsam außer sich. Das soll uns nicht beunruhigen.

Wüste

Notate der Schriftgelehrten Céline
auf eine Audiokassette gesprochen und gesungen,
den weltweit verstreuten Zellen
per Post zugesandt.

In Tonplättchen zu ritzen: alle Koordinaten der Lager.
Eine Warnung einspleißen in die DNA transgener Kakerlaken.
Kurze Erläuterung: Was ist Strahlung?
Die Namen der eingelagerten Isotope auflisten.
Festhalten, wie ein Unfall beginnt. Oft spielt der Zufall eine glückliche Rolle.

Verse sind zu singen. Schwirrende Worte. *Denn es wächst unendlicher dort das Jahr und die heilgen Stunden, die Tage, sie sind kühner geordnet, gemischt.*

Wir zimmern eine neue Zeit. Dürfen jetzt nicht die Contenance verlieren, sonst machen wir uns gegenseitig verrückt. Singen genügt nicht. Wir müssen sachlich festhalten, dass der bekannteste Unfall in einem Lager für radioaktive Abfälle bereits zweieinhalb Jahre vor der Explosion seinen Anfang nahm. Im November 2011. Ruhig ist das zu erzählen, wie ein Märchen.

Rund um Los Alamos brannten Wälder. Das Feuer kam den strahlenden Abfällen bedrohlich nahe. Ein Teil davon lagerte in Zelten. Der Müll musste weg. Chefs standen unter Druck, eine Gouverneurin wollte wiedergewählt werden. Hektik brach aus bei den Behörden, in der beauftragten Firma, der Unterfirma, der Beratungsfirma und der beratenden Universität. Auch die Firma, die das Endlager in Carlsbad, New Mexiko, betrieb, wurde in diese Hektik hineingezogen. Bald sprachen alle nur noch von 3706 – Codewort. Projekttitel. Parole. Wir beschleunigen. Eine weitere Firma wurde gegründet. Sie sonderte sich ab und erfand alles neu. Endlich gingen die Fässer in hohem Tempo weg. Kontrollen wurden beschränkt, das störte die Gouverneurin nicht. Sie wollte rechtzeitig etwas zu feiern haben. Wer Fragen stellte, wurde beschuldigt, in geologischem Tempo zu arbeiten. Das Personal wurde ausgewechselt. Nicht jede musste verstehen, was sie da tat. Hauptsache, sie glaubte an den neuen Ablauf und dachte darüber nach, wie er zu beschleunigen sei. Dank sportlichem Ehrgeiz verwandelte sich eine Schmuddelecke in einen Modellbetrieb. Der Müll gewann gegenüber den Bomben, die in Los Alamos gebaut wurden, an Status. Wir zitieren Vincent Ialenti, einen neuen Klassiker. Er schreibt von der »Euphorie der Zusammenarbeit, die in Raserei überging«.

Wir, die Schriftgelehrten, werden jährlich vorlesen, dass 1993 die Verantwortlichen einer Anreicherungsanlage in Tokaimura entschieden, einen Abscheidungsturm durch einen rostfreien Stahleimer zu ersetzen. Der konnte schneller gereinigt werden. Eine Schattenrichtlinie wurde formuliert. Sie bewährte sich sechs Jahre lang. Kontrollen waren keine zu befürchten. In der Schattenrichtlinie stand, der Eimer sei ausreichend, wenn die Menge an Uran nicht zu groß werde. Das Mischen sei stets in mehrere Arbeitsgänge aufzuteilen. Das wusste Hisashi Ouchi nicht, der am 30. September 1999 zusammen mit einem Kollegen angewiesen wurde, Uranbrennstoff in besagtem Eimer zu mischen. Es war sein erster Einsatz in der Anreicherung. Ausgebildet war er für diese Arbeit nicht. Sein Kollege Masato Shinohara wusste, dass auch die Schattenrichtlinie nicht mehr galt.

Ich möchte, dass wir vor jedem Kloster, das wir bauen werden, ein Mahnmal errichten. Zum Angedenken. Wir können uns ein Beispiel nehmen: Im April 2006 ließ der Bürgermeister von

Tokaimura eine Nachbildung des rostfreien Stahleimers ausstellen. Er sprach von einem »wichtigen Symbol menschlichen Versagens«. Zahlreiche Führungskräfte einer Tochterfirma waren zu Haftstrafen verurteilt worden. Auf Bewährung. Hisashi Ouchi und Masato Shinohara hatten plötzlich blaues grelles Licht gesehen. Die Elemente im Eimer begannen zu reagieren, eine Kettenreaktion kam in Gang. Ohne es zu wissen, hielten sie einen Spontan-Reaktor in Händen. Beide starben nach monatelangem, qualvollem Zerfall.

Und ausgerechnet, wenn ich das erzähle, fehlen mir die Verse und jede Melodie. Da ist nur »Versagen« und »Menschliches«. Das geht auch weg. Dann dröhnen mir Compliance-Handbücher im Kopf, Tausende sind verfasst worden. Ich kann dieses Wort Compliance nicht übersetzen, obwohl ich sehr dafür eintrete, alles zu übersetzen – auch die Verse, die Lieder, wir dürfen nicht darauf bauen, dass wir uns eines Tages alle automatisch verstehen – das Wort Compliance bleibt unverdaulich in den Windungen der Firmen und Unterfirmen stecken. Unser Orden ist nicht in der Lage, zur Perfektion beizutragen. Dem fehlerlosen menschlichen Apparat, selbst der perfekten Maschine müssen wir den Glauben verweigern. Das fordere ich von allen Mitgliedern. Ich schlage vor, dass wir an eine anonyme Vorgesetzte in Los Alamos erinnern. Vorgesetzt auf unterster Stufe. Eingeklemmt. Eine große Schwester mit viel Verantwortung, im Kern aber machtlos. Kaum ausgebildet. Man lobte sie in höchsten Tönen und das war ihr viel wert. Später sprachen Experten von einem »puppy effect« – die Vorgesetzte sah sich aber nicht als Hündchen. Sie kämpfte an vorderster Front. Wir erinnern an eine Sitzung, die nicht besonders wichtig war. Eine Sitzung wie viele Sitzungen. Trotzdem sehr angespannt. Nächstes Traktandum: Füllmaterial in den Fässern. Zerbrochener Stein wird zugegeben, das stiebt in der Verpackungshalle. Die Luftfilter müssen ständig gewechselt werden. Das Fußvolk beklagt den Dreck auf der

Arbeitskleidung. Der Ablauf wäre schneller, würde ein Filter länger halten. In der Sitzung formuliert ein Schlaumeier den Vorschlag, Katzenstreu zu verwenden. Sie notiert das. Er verspricht eine Dokumentation. Damit sie eine neue Richtlinie verfassen kann. Aber der Lahmarsch liefert nicht. Das Fußvolk motzt und die Oberen auch. Die Dokumentation kommt nicht. Sie hat es satt zu mahnen. Formuliert die Richtlinie aufgrund ihrer Handnotizen. Schickt sie ans Amt zur Bewilligung. Das Amt ist überlastet, denn die neue Firma ändert ständig Richtlinien, überschwemmt die Beamten mit Anträgen. Sie lesen nur noch, was als »wichtig« markiert ist. »Nicht wichtig«, markiert die Vorgesetzte ihren Antrag. Und so entsteht eine Richtlinie, mit der sie sich zur Lachnummer der ganzen Atommüllindustrie machen wird. Chemie hat sie nicht gelernt. Sie ist auch nicht auf einem Bauernhof aufgewachsen wie ich, sie kann sich nicht vorstellen, wie sich Heu, das nicht ganz trocken ist, langsam erhitzt in der Scheune. Sie weiß nicht, wie es ist, wach zu liegen im Bett und sich an ein Büschel Gras zu erinnern, das noch grellgrün geleuchtet hat. Und ich hatte es trotzdem auf den Heuwagen geworfen. Es wurde eingelagert und würde bestimmt zu motten beginnen. Vielleicht stünde bald die Scheune in Flammen und ich wäre schuld. Das Feuer würde von der Scheune auf den Stall übergreifen und die Kühe würden brüllend verenden.

Die Vorgesetzte in Los Alamos schreibt: »an organic absorbent (Kitty Litter/Zeolite® absorbent)« werde dem Abfall zugefügt. Von einem organischen Schwamm schreibt sie sozusagen, von Saugmaterial, Katzenstreu, absorbierendem Zeolith, das hinzugefügt wird, was die internen Kontrollen wahrscheinlich nicht lesen, sie winken das durch und der öffentliche Kontrollbeamte sieht die Markierung: »nicht wichtig«. Wahrscheinlich klickt er nur. Die neue Richtlinie erfreut das Fußvolk. Die Verpacker sind jetzt nicht mehr von der internen Lieferkette abhängig. Fehlt der Nachschub an Füllmaterial, kann ein Arbeiter in sein Auto springen und in den nächsten Supermarkt fahren. Man füllt jetzt mit einer Katzenstreu der Marke »sWheat Scoop. Mother nature's cat litter«. Mutter Natur klingt besonders schön. Ein Öko-Rating gibts auch in dieser Firma. Beim Abfüllen der Müllfässer wird ein Nitratsalz zugegeben. Soll Säure neutralisieren. Ab und zu wirft einer kontaminierte Handschuhe hinterher. Der Staub in der Abfüllhalle ebbt ab. Das Tempo steigt. In der Presse wird später von einem Tippfehler die Rede sein. Ferne Experten werden darüber lachen, dass der Unterschied zwischen organisch und anorganisch nicht auffiel. Zeolith, ein siedender Stein, ist nützlich in der Produktion selbstkühlender Bierfässer. Absorbiert auch Katzenpisse, wird zu diesem Zweck vermarktet. Steht dann im Regal gleich neben den Produkten aus Weizenstreu. Die Vorgesetzte dachte, Zeolite sei ein Markenname und setzte deshalb das Zeichen für Trademark.

Was da schief ging, ist Schritt für Schritt zu beschreiben. Das wirkt beruhigend. Klare Schriften machen das Ergebnis nachvollziehbar: Siebenhundert Fässer wurden mit sWheat Scoop gefüllt und nach Carlsbad, New Mexiko, geliefert. Auch dort bemerkte niemand, was für eine Mischung da eingelagert wurde. Später sollte ein Ingenieur zu Protokoll geben: »Los Alamos schuf zufällig 700 schmutzige Bomben, aber nur eine hat funktioniert.« Am 14. Februar 2014 platzte im Endlager das Fass #68,660. Es war Nacht, zum Glück war kein Personal anwesend. Die Luftmessgeräte registrierten einen Anstieg der Radioaktivität. Weil das Lüftungssystem mit falschen Filtern ausgestattet war, gelangten Elemente von Plutonium-239 und Americium-241 nach draußen. Erst nach wochenlangen Untersuchungen wurde die Ursache der Strahlung deutlich. Das ganze Lager musste zur Dekontamination geschlossen werden, jahrelang konnte Los Alamos seine Abfälle nicht mehr einlagern.

Neben den rostfreien Eimer aus Tokaimura stellen wir eine prall gefüllte, verschweißte Plastiktüte mit Katzenstreu. Der Markenname wird übersprayt mit den Zahlen 3706. Wir erinnern jedes Jahr am 14. Februar an die unterste Vorgesetzte. Dass ihre Bombe am Valentinstag hochging, ist unschön, dafür können wir nichts. Unser Ordensjahr ist markiert von Ereignissen, die wir uns nicht gewünscht haben. Die Zeit des Gedenkens soll am 29. September mit einer Plutoniumfabrik in Tscheljabinsk beginnen und am 26. April mit Tschernobyl enden. Sie führt über den Todestag von Hisachi Ouchi am 21. Dezember zum Endlager in Carlsbad. Fukushima widmen wir den 11. und Harrisburg den 28. März. Dazu lesen wir John G. Kemeny. Dass sein Name nach einem Apostel klingt, ist mir nicht recht. Die Losungen, die wir aus seinem Bericht abzuleiten haben, sind sachlich vorzutragen. Kemeny ist mit dem Jeepney verwandt. Die einfachste aller Computersprachen schwebte ihm vor, als er ein College leitete. Alle sollten sie lernen können. Wir prüfen, ob eine Warnung an die Künftigen in diesem Idiom zu verfassen sei. In einfachen Wenn-Dann-Sätzen, der chinesischen Syntax folgend, so werden wir einem universalen Code näherkommen, einer globalen Logik. BASIC werden wir sie nennen, zu Ehren von John G. Kemeny, der 1979 nach dem Unfall auf Three Mile Island, nahe Harrisburg, berufen wurde, eine Untersuchungskommission zu leiten. Er stellte fest, dass zentrale Regeln missachtet worden waren und gleichzeitig eine Obsession der Richtlinien die Arbeit prägte. Ausufernde Regelwerke beherrschten den Alltag der Firmen, Unterfirmen, Zulieferer, Kontrollinstanzen. »Diese Kommission glaubt, dass eine umfassende Sorge um Sicherheit für Sicherheit sorgen wird – nicht das simple Befolgen komplexer Regelungen.«

Wir sind für das Umfassende zuständig. Und die Sorge. Unsere Botschaft muss firm sein und veränderlich, auf keinen Fall dürfen wir uns auf das stille Hüten der Information beschränken – vermaledeit sei Thomas Sebeok. Neben der Liste der Klassiker müssen wir auch eine Liste schlechter Schriften führen. Sebeoks Name wird da zuoberst stehen. Keine Sekunde lang soll er glauben, uns erfunden zu haben. Wir sind keine Atompriesterschaft, wie er das nannte. Kein internationaler Geheimbund, wie er ihn der amerikanischen Regierung vorschlug – zuflüsterte in einem diskreten Papier, 1984, mit der fatalen kleinen Passage: Fürs Volk sei ein Kult zu entwickeln, magische Praktiken, irgendwas, das die Idioten von den Lagern fernhält. Idioten sind alle, die nicht der Priesterschaft angehören. Auf ewig werden sie darauf angewiesen sein, dass die Priester den Kopf bei der Sache haben und ihre Apparate richtig pflegen.

Wacht auf, Idioten dieser Erde, schmettert unser Techniker jeden Morgen – und ich spreche nicht als Priesterin, sondern als Schriftgelehrte einer neuen Zelle, Schwester dieses Technikers, der mit mir aus dem Schattenloch auf das chinesische Festland gezogen ist, in eine riesige Stadt. Im Kloster, das wir gründen werden, wird er das Amt des Maschinisten übernehmen. Er speist sich jetzt schon aus Daten, die privat generiert werden. Gemessen und gesammelt. Unabhängig ausgewertet. Citizen Scientists nennt er seine Verbündeten. Wir haben uns einem ihrer Netzwerke angeschlossen, seit die Konsorten öffentlich verbreiten, wir würden der Furcht Vorschub leisten. Den falschen Informationen. Der Ungenauigkeit. Unser Maschinist kämpft tatsächlich mit der Verzweiflung, weil die Daten, die ihm zufließen, Stückwerk bleiben. Ohne Staat im Rücken bleibt alles, was wir sagen, fragwürdig. Also pflegen wir die Fragen. Suchen die Zwischenlager: Fässer, Zelte, aufgetürmte Erdballen, Wassertanks. In der Nähe eines künftigen Endlagers wollen wir Land pachten. Ein Stück Wüste.

Ruhe bewahren, sorgfältig denken haben wir gelernt. Die Gartenarbeit als Übung verstehen. In dieser Großstadt stünde mir ein Balkon zur Verfügung, in der neunten Etage. Eine Art Hinterhof in der Höhe. Von Schiebefenstern eingefasst. Ich sehe einen Wintergarten wachsen. Aber unser Gastgeber, vielleicht bald Bruder, hat Einwände. Er will das Eindringen von Insekten verhindern. Und neugierigen Blicken vorbeugen. Unauffällig seien hier nur feuchte Kleider, denn sie hängen überall auf den Balkonen. Er vertröstet mich auf die Wüste. Bis wir zum Endlager ziehen können, beschäftigt er uns in einem kleinen Fremdspracheninstitut. Französisch ist hier nicht unbeliebt, unsere Tätigkeit ist offiziell bewilligt. Moi, Céline, professeure de langue, vous propose: Früh aufstehen und einen Rhythmus einhalten. Lektionen. Im Institut arbeiten bis spätnachts. Schlafen. Oder wachliegen und den Fröschen zuhören. Die Häuser, die hier eng stehen, sind zwanzig Etagen hoch. Kein Licht fällt zwischen ihnen zu Boden, das macht aber nichts, denn an kleinen Kanälen wächst Schattenvegetation. Schon vor dem Morgengrauen heben Vögel an zu singen. Papageienartig. Tauben gurren. *Bye, bye, blackbird.*

Adieu, le merle. Amsel, bye bye. Ich soll mich vorbereiten. In der Wüste werden wir Zeit haben, einen Garten anzulegen. *Und vergiss auch nicht das Strauchwerk, auch das beerenlose nicht, das Ermattete, und übersieh nicht, zwischen den Blumen, das Unkraut, das auch Durst hat.* Wir sind jeden Morgen in Bewegung. Zwischen den Hochhäusern sammeln sich die Alten. Hier turnen wir nicht allein. Tanzen fällt nicht weiter auf. Nur singen wäre seltsam. Ich versuche mich auf die Wüste zu freuen. *Noch gieße nur den grünen Rasen, oder den versengten nur, auch den nackten Boden, den gieße du. Gieße du.*
Wir gehen in die Zukunft von Vers zu Vers, von Tag zu Tag. Brecht, werden wir sagen, Brecht. Bertolt. Irgendeine Zahl. Wir nummerieren Verse. Melodien werden zu schleifen sein, Verse zu ordnen, ein Ordensjahr wird uns von Ära zu Ära tragen. Ich brauche diesen kollektiven Kreislauf. Seit ich den Kontinent gewechselt habe, kommt mir der Zusammenhang abhanden.

Nur wenn ihr, wir, alle im Juni denselben Tag feiern, werde ich Mut schöpfen. Jedes zornige Halbjahr geht zu Ende, von Mai bis September ist Hoffnung aufzubauen. Wir könnten an Kurt denken, wie er vor langer Zeit an einem See in Westeuropa saß und eine Ente betrachtete. Mandarinente wurde sie genannt. Ihr oranges Gefieder wirkte wie aus Wachs oder Plastik gegossen und doch bewegte das Tier den Kopf rückwärts, um Insekten aus den Federn zu picken. Erwachsene sagten, dieser Vogel sei eben erst aus China eingeflogen und habe sich niedergelassen. Sie schienen erfreut über den Zuzug. Und Kurt erwartete im folgenden Jahr fasanenartig pagodenhaft aufragende Prunkenten. Ate Petra würde an dieser Stelle aber nur von Amseln sprechen. Von der Zeit, die in Europa zwischen zwei Kriegen lag. Im zwanzigsten Jahrhundert. Da überwanden einige Amseln ihre Furcht vor dem Lärm und den Menschen. In Paaren müssen sie eingeflogen sein, um Paris zu besiedeln. Ein Kippmoment in verschiedensten Städten. Im Frühling markierten fortan singende Amselmännchen urbane Territorien. Auf Giebeln und Baumwipfeln waren sie zu sehen, wenn Städterinnen unwillkürlich aufblickten, auf einem Spaziergang von einem Brutrevier ins nächste. Daran werden wir erinnern, jedes Jahr, mit einem kleinen Seitengedanken an die Papageien am Bahnhof von Heidelberg. In Heizkanälen überstehen sie den europäischen Winter. *Bye, bye, blackbird.* So nähren wir unsere Hoffnung, dass zahlreiche Viecher den Waldbränden entkommen, der Versalzung und den Fluten ... *Feeling low here I go ... Bye bye blackbird ...*

Niemand kann mir sagen, warum sich da jemand niedergeschlagen fühlt, wie diese Zeilen zustande gekommen sind, warum ich sie nicht aus dem Kopf kriege. Welcher Kummer die Amsel treibt, was sie verbrochen hat. Eine Flöte muss zwingend mitspielen ... *No one seems to love an understand me ...* irgendein Holz wird sich immer finden, das gehöhlt wird. Ein Schnirpen, Rollen und Ticksen werden wir hinkriegen, irgendeine von uns wird Meisterin darin werden, ihre Flöte wird orgeln in Erinnerung an den unscheinbaren schwarzen Vogel mit dem gelben Schnabel ... *Make my bed, light the light, I'll arrive late tonight* ... Ich möchte wissen, dass noch andere ausharren, dass sie mir die Decke aufschlagen, Licht machen, bevor ich ankomme, und dass sie messen und vielleicht sogar Daten senden. Es könnte mir helfen, zu wissen, dass am selben Tag auf drei Kontinenten dieselben Worte gemurmelt werden, dann ist nicht auszuschließen, dass wir einander wiedersehen und drei Tage lang werden wir einander versichern, dass wir gemeinsam klüger sind als allein. In guten Momenten sind Gedanken von der einen zum andern übergesprungen, im Gespräch fanden sie ihre beste Form und eine Lösung zeigte sich unerwartet. So könnten wir uns anfeuern zum 13. Juli, einem Jahrestag, dessen Ursprung vergessen gehen wird, Umrisse werden aber überdauern, und jemand wird lesen:

Es versammelte sich das Volk auf einem zentralen Platz und verlangte einen Rechenschaftsbericht von der Stadtverwaltung, der Betriebsleitung; man sprach von einem Defizit an Wurst, Milch und Seife, von Willkür der Vorgesetzten, vom Verlust der gegenseitigen Achtung. Ein menschlicher Umgang wurde gefordert und so streikten sie wochenlang. Ein Vortriebshauer namens Jurij Rudolf, Streikführer, gab eine Frage zu Protokoll: »*Wie schaffen wir es, dass die Menschen wieder an eine lichte Zukunft glauben?*« Das werden wir jährlich fragen und jedesmal abgehackt hinzufügen: Maksimowa. Nina. *Das Beste ist die Arbeit auf den Schiffen, die weit hinfahren* – das könnte ich täglich murmeln. Und warten, bis die Dusche frei wird, bis die Wäsche trocknet, die nächste Lektion beginnt. *Bachmann, Ingeborg. Das Beste ist die Arbeit auf den Schiffen, die weit hinfahren, das Tauknüpfen, das Wasserschöpfen, das Wändedichten und das Hüten der Fracht;* eines Tages werden wir in Prunkbauten leben, in Untergrundfabriken arbeiten, schwebende Akademien betreiben. Alles verlieren. *Fällt euch*

Reichtum zu, so hänget das Herz nicht daran. Psalm 62. Wir werden mit einem Schnappsack durch die Stadt gehen. Einen kleinen Karren mit Altkarton hinter uns herziehen. Aber wenn Besuch von einem anderen Kontinent auftaucht, werden wir immer in der Lage sein, ein delikates Essen zuzubereiten, das Glas zu heben und die Losung des Tages zu sprechen: *savoir faire avec les moyens du bord* – wir sagen auch »auskommen«, »make do«, »se débrouiller«, und sind zuversichtlich dabei, manchmal überkommt uns ein bisschen Georges Brassens – *non, ce n'était pas le radeau de la Méduse, ce bateau* – wir kommen aus mit dem, was wir an Bord haben, und unser Floß wird nicht sinken, wir sind keine ausgehungerten Sklaven, keine feinen Pinkel, ein bisschen Wasser werden wir zu trinken haben, auch in der Wüste – *il naviguait en pèr' peinard sur le grand-mare des canards.*

wir könnten unsern Balkon begrünen, Tomaten ziehen, einen kleinen Teich aus Regenwasser anlegen, kleine Schiffe schaukeln lassen, besoffen würden sie hin und her wanken, und wir stolperten dann noch besoffener zwischen unsern Tomatenstauden hin und her. Wir brauchen Tomaten, die Feuchtigkeit ertragen, denn die Kleider müssten hier auch zwischen all dem Grün trocknen. Vielleicht könnten wir die Moskitogitter offen lassen und einem hiesigen Vogel erlauben, in unserem Wintergarten zu nisten. Es würde mich nicht wundern, wenn hier noch im Oktober gebrütet würde. Eine neue Vogelwelt ist zu entdecken. Auch in der Wüste. *Bye, bye, blackbird* –

Nachts dient mir der Balkon als Bühne. Unbeleuchtet. *Denn ihr sollt nackt sein und eure Haut soll weich sein. Dann klettert auch auf eure großen Bäume, bei leichtem Wind. Auch soll der Himmel bleich sein – Stone. Le monde est stone. Je cherche le soleil. Au milieu de la nuit.* Ein Altstar aus Kanada singt mir dazwischen, wenn ich aus der Hauspostille zitiere. Und wenn eine Schwester, Zoologin, zu mir auf den Balkon tritt, wenn sie mich fragt, was ich hier will, dann finde ich keine Worte, helfe mir mit Ani DiFranco, weil die Schwester das schon kennt: *I'm out here studying stones. Trying to learn to be less alive.* Wir werden zusammen in die Wüste gehen und Steine studieren. Vielleicht noch ziemlich lang am Leben bleiben. Und wir werden, einmal im Jahr, Cindy Lauper singen: *Stone. The world is stone. It's no trick of the light. It's hard on the soul.*

Das Beste ist die Arbeit in der Wohnung eines Gastgebers, der zu äußerster Reinlichkeit drängt. Noch besser ist das Üben chinesischer Schriftzeichen, die Vertiefung in einfachste Wörter: Öl, Besen, Geschirr. Eine ganz praktische Aufgabe verschafft uns das Fremdspracheninstitut. Da können die Zoologin und ich einfache Worte in der Muttersprache vorsagen. Je suis. Tu es. Elle est. Nous sommes. Das Studieren geben wir nicht auf. Unsere Lektionen beginnen jeden Morgen pünktlich, wir vertiefen uns in die Periodentafel der chemischen Elemente. Thorium, Neptunium, Uran haben wir im Schattenloch lange studiert: die natürlichen Zerfallsreihen. Aber nicht die selteneren Elemente – Technetium, Ruthenium – und ganz geläufige, die auch radioaktiv werden. Was passiert in unserer DNA, will der Maschinist wissen, wenn Wasser nicht mehr aus zwei Wasserstoff- und einem Sauerstoffatom besteht, sondern aus drei zusammengeklumpten Wasserstoffatomen, die dann aber leicht zerfallen. Was passiert, will er wissen, wenn in unseren Chromosomen falscher Wasserstoff eingebaut ist. Wird auch die Information, die sie tragen, instabil? Unser Aufbauprogramm? Woher kommt dieses Tritium und wie verschwindet es wieder aus dem Wasser, das wir trinken, will der Gastgeber wissen, denn er widmet der Analyse seines Trinkwassers größte Aufmerksamkeit, prüft auch Putzmittel, jede Fruchtschale und Getreidemischung. Wir sind gehalten, vor Gift auf der Hut zu sein und in dieser Wohnung ein optimales Verhältnis zu finden zwischen Dreck wegmachen und Vergiftung verhindern. Was heißen will: Möglichst selten Reinigungsmittel verwenden, weil diese Mittel den gefährlichsten Schmutz vielleicht erst hinzufügen. Putzen kann alles vergiften. Am besten ist es, jeden Schmutz von vornherein zu vermeiden. Nur Staub legt sich dann auf die Böden und Regale und der kann sanft, mit einem trockenen Tuch, abgewischt werden. Wenn alles glänzt, tritt in dieser Wohnung ein Moment der Gelassenheit ein. Wir atmen auf. Und ich möchte dann eine Hymne anstimmen: *Abide with me, fast falls the even tide.*

Schön senkt sich dann der Abend, sei bei mir, singen wir, *wo wir uns legen, seid ihr zugegen.* Ich werde lernen, geduldig zu sein. Dinge in meinem Koffer zu lassen, die im Raum stören könnten. Den Kampf gegen das Gift müssen wir aufnehmen, sagt der Techniker, unser Maschinist, er sieht eine interessante Möglichkeit.

Abide with Oneanother! sagt die Zoologin, wenn ich die Hymne anstimme. Sie fordert mehr Joyce-Zitate in meinem Ordensjahr. »Es ist unser Jahr«, halte ich entgegen. Es ist auch Eures, auf allen Kontinenten. Dem Maschinisten folge ich willig, wenn er uns in seinen Lektionen die Zusammensetzung flüssiger Seife erläutert, Schwermetalle im Eidotter, Cadmium im Reis, er folgt Fäkalspuren, den Absonderungen von Schweinekadavern, die in einem Fluss treiben. *Oh, Thou who changest not abide with me!*

Im Fremdspracheninstitut finden wir den Eintritt in diese Stadt, die chinesischen Schülerinnen und Schüler tragen uns ihre Freundschaft an. Der Maschinist bietet Konversations-Stunden auf Japanisch. Er spricht über Essen, über Reinigung, Zutaten und kommt langsam, wenn ihn niemand daran hindert, auf Skandale zu sprechen. Die Gespräche werden lebhaft. Wir erfahren von häuslichen Exerzitien unterschiedlichster Observanz. Wenn ich nachts wortlos auf dem Balkon stehe, versuche ich mich am Optimismus des Maschinisten aufzurichten. Er hat ein Produkt vor Augen. Und möchte es allen Klosterhöfen zur Produktion und Verbreitung vorschlagen. Eine internationale Zusammenarbeit schwebt ihm vor. Messende Schalen sollen es sein. Anzeigen auf Küchengeschirr. Jeder Haushalt ein Labor. Über die Vermarktung von Kochgeschirr werden wir Tausende von Citizen Scientists anwerben.

Gelingt es mir, den Lektionen dieses Bruders aufmerksam zu folgen, sehe ich auch im Studium immer neuer Sprachen eine große Aufgabe. Wir werden durch die einzelnen Grammatiken hindurchblicken, Begriffe auflösen bis hin zu den Namen der Wortarten, und wir werden die innersten Kerne aller Sprachen finden, um sie dann aufzulisten wie chemische Elemente. Nomen, Verben, Adjektive: Das sind nur Hilfskonstruktionen, die sich erübrigen werden, wenn es uns gelungen sein wird, die Periodentafel der unmöglichen Sprache aufzuzeichnen. Ich versuche hier in der neunten Etage für den sprachlichen Urgrund zu begeistern. Er ist nicht erreichbar, verbindet aber alle Menschen – richtig wach werde ich im Gefühl, wir stünden kurz davor, in allen Sprachen gleichzeitig aufzugehen. Auch wenn ich hier auf der Straße noch nichts verstehe, so scheint mir die Sprache, die ich höre, wohlgeordnet. Was mich von den Nachbarn trennt, ist nur eine leichte Variation im immer gleichen Spiel: Jeder Wortkern verwandelt sich in unterschiedliche Zustände, wird solid und flüssig, flüchtig, seine Verwandlungen folgen einem Muster, das wir beschreiben können, aber wie sich die einzelnen Kerne genau verbinden, wann und wo und wie sie ihren Zustand ändern, ist nicht abzuleiten. Wir folgen dem Spiel in immer neuen Sprachen und sehen unendlichen Variationen entgegen. Es gilt jedes einzelne Wort zu studieren – ein detailliertes Bild zu zeichnen. So wie wir jedes chemische Element in seinen kleinsten Eigenschaften beschreiben.

Der Wortkern Organ, zum Beispiel, lässt sich auf Deutsch nur schwer in Bewegung setzen: »organisieren« ist langsamer als »organize«, in sperrigen Reaktionen bildet sich ein Gegenteil und verfestigt sich neu in der Unorganisiertheit, dem Anorganismus, der Inorganität. Wir werden den Pausen besondere Aufmerksamkeit schenken – heißt es »an organic« oder »anorganic«, vielleicht war die Vorgesetzte in Los Alamos fremdsprachig. Vielleicht hörte sie »un« und »in« wie »an« und setzte die Partikel frei in Bewegung. Heftete sie an Organe vorn und hinten. Wir studieren die Elemente Fugl und Niao, Ôsle und Ibon. Schreiben auch Zeichen, die sich nicht ändern. Es ist möglich, die Verwandlung der Elemente rein zu denken. Ohne Schnörkel und Wechsel wird ein Tun tun und getan. Vertan. Tunsam. In unserer Erkenntnis wird ein Kippmoment eintreten –

Ich kenne nicht den Baum
von dem die Blüten stammen –
aber dieser Duft!

Der Maschinist zitiert Bashô, wenn ich von Perioden spreche, sein Zitat werden vielleicht alle sprechen, heute, im kommenden Jahr. Die Wiederholung beginnt. Der Bruder zweifelt nicht an meiner Vision, verweigert aber die Mitarbeit, bittet mich, in Ruhe bei den einzelnen Wörtern und den unterschiedlichen Sprachen zu bleiben. Leicht vorwurfsvoll weist er darauf hin, dass ich als Schriftgelehrte genug zu tun hätte mit den Formeln, die wir nicht übersetzen können. »Vielleicht sprechen wir alle eine Idiotensprache«, sagt der Gastgeber nach jeder zweiten Lektion. Er kann sich nicht einmal eine Lichtwelle vorstellen. Findet keine Worte, die ihm das Paradox eines »masselosen Teilchens« veranschaulichen würden. Es lässt sich nicht in etwas Wirkliches überführen. Blind verwenden wir die Formelsammlung und rechnen. Lesen von Experimenten, die gelingen. Möchten sie nachvollziehen.

Wir werden in einer Wüste leben, wo ein Lager gebaut wird, und dort einen Haushalt betreiben. Die Wüstenvegetation studieren. Uns auf große Zeiträume einstellen. Wahrscheinlich werde ich in jener Wüste sterben. In einer wachsenden Zelle.

Oh Ewigkeit, Zeit ohne Zeit, müssten wir schmettern, um der Wüste zu trotzen. In hohem Alter werde ich sterben, weil wir dort ein geruhsames Leben führen werden. Wir möchten uns nicht tarnen müssen. *Die Ewigkeit nur hat kein Ziel, Sie treibet fort und fort ihr Spiel, Lässt nimmer ab zu toben.* Wir werden endlich Zeit haben, die Liste unserer Klassiker zu erweitern. Uns ganz dem Studium zu widmen. *Die Zeit, so niemand zählen kann, Die fänget stets vom neuen an.*

Seltsame Veränderungen der Wörter in der Zeit werde ich studieren. Die Willkür auflösen, die »vom neuen« und »von neuem« trennt, »fängt« und »fänget«, »fangt«. Und ich werde die Zoologin ertragen, die unverständlich vor sich hinmurmelt:

Lass unevjedlichen Wurfton in Resonanz still stehn
Jemrab
Jacktag
Prim und Sekund mit ihrer Terz
dass Jammwer sie beznüre
bald von davorb, bald dolcehold,
und wenn wir des Pedals drücken (ruh!)
lies ihn aus und vokale deinen Namen.
A mam.

Aus der Ferne werden wir dem Weltgeschehen eine Stunde widmen, wöchentlich, nicht mehr. Unser Silentium wird sich weiten. Und wenn wir hören, dass ein Bruder oder eine Schwester gestorben ist, werden wir summen, lallen und brüllen auf die Melodie von Danny Boy. Mit vokalen Einstreuseln: *calling ... roses fallin' ... will sweeter be ...*

Einer Novizin werden wir die Frage stellen: War es Zufall, dass die Arbeiter in Los Alamos genau jene Sorte Katzenstreu wählten, auf deren Packung ein Schachtelwort zu sehen war. Weizen und Süße verschränkt, aus Wheat und Sweet wird sWheat Scoop. Ist es nicht bezeichnend, dass die Werbung versprach, eine Schaufel Streu würde den Katzenkot versüßen, in ein schönes Geschäft verwandeln. Auch die letzte Scheiße kann vergoldet werden. Am Arsch der Welt werden wir leben. Das ist der Plan.

in diesem Schlummerzustand am frühen Morgen aus diesem SPALT, den Himmel umarmt ... ich spreche hiermit eine Bestellung aus. Bitte sendet mir Bücher in verständlichen Sprachen. Mayröcker, zum Beispiel. Ich verhungere, will Papier in den Händen halten, wiederhole Sätze, die ich von Hand abgeschrieben habe vor der Reise: *die dunstigen (dreckigen) Tücher hingeworfen über den Horizont, was mich entzückte weil still und dämmrig : faltenreich = Wolkensturm.*

Solange wir in der Wüste leben werden, wird niemand sagen können, der Müll existiere nicht. Tritt etwas aus, werden wir es messen. Im schlimmsten Fall wird unser Körper reagieren. Wir werden zum Messgefäß – und die Wanzen sind zu beobachten.

Ooo coo ooo coo coo it's cold outside
Ooo coo ooo coo coo it's cold outside

In jener Wüste kann es am Tag brütend heiß werden, in der Nacht eiskalt. Als Bäuerin werde ich mich nicht mehr tarnen können. Dazu bin ich viel zu weiß. Nicht kräftig genug. Wie uns der Gastgeber unterbringen wird, ist mir noch nicht klar geworden. Er spricht von ganz normalen Städten, die in jener Wüste zu finden seien. *Golden cities. Golden towns.* Anderson. Laurie. Zu singen in furchtbaren Stunden.

Es ist anzunehmen, dass der Gastgeber in riesigen Distanzen rechnet. Dass er die Nächte unterschätzt. Er spricht von universitärer Kollaboration. Von Außenstelle. Satellit. *Big Science. Hallelujah.* Wir sollten die Kunst lernen, in die weite Zukunft zu denken und an den nächsten Schritt, aber in der mittleren Distanz nicht stecken bleiben. *Yodellayheehoo.* Nicht ins Grübeln kommen. *Hey, Professor! Could you turn out the lights?*

Über Nachrichten aus Euren Zellen sind wir sehr froh. Ein langer Atem der Nachrichten stimmt uns ein auf die Geduld, die wir brauchen werden.

Now's your never! Ich wünsche Euch viel Glück. Glückliche Zufälle.

Doch ob sie auch toll sind und tot wie Stein:
Ihr Kopf wird der blühende Steinbrech sein.

Verse sammeln. Bitte. Das Ordensjahr muss sich verdichten. Damit wir nicht allein bleiben.

In a coffee shop in a city
Which is every coffee shop
In every city

Zitate mit Übersetzungen ins Deutsche

(Wenn nicht anders vermerkt, ist es eine eigene Übersetzung für den Hausgebrauch)

Seite 37

Mercedes Sosa, Solo le pide a dios.
»... die arme Unschuld der Leute.«

Seite 111

frei nach Erich Fried, Fester Vorsatz

Seite 123

Silvia Plath, The Elm. In der deutschen Übersetzung von Erich Fried:
Ist's das Meer, das du hörst in mir,
Seine Unzufriedenheiten?
Oder die Stimme des Nichts, die dein Wahnsinn war?

Seite 130

Anna Marly, Chant des Partisans.
Freund, hörst du den schwarzen Flug der Raben über unserm flachen Land ...

Seite 130

Aimé Césaire, Hors des jours étrangers
Volk, das aus Abgründen wieder aufgestiegen ist
Volk der gezähmten Albträume
Volk der Nacht, dem Wüten des Donners zugetan
(...)
Ein höheres, süßeres, weiteres Morgen

Seite 133f.

William Blake, Jerusalem. In der deutschen Übersetzung von Bertram Kottman:
Bringt mir den Bogen lohen Golds:
Bringt mir die Pfeile der Begier:
Bringt mir den Speer: Gewölk, reiß auf!
Bringt meinen feurig' Wagen mir!

Seite 157

Frei nach Ingeborg Bachmann, Alle Tage

Seite 191

Friedrich Hölderlin, Heimkunft

Seite 192

Vincent Ialenti, Waste Makes Haste: How a campaign to speed up nuclear waste shipments shut down the WIPP long-term repository. Bulletin of the Atomic Scientist.

Seite 192

NHK-TV. 83 Tage. Der langsame Strahlentod des Atomarbeiters Hisashi Ouchi. Übersetzung aus der amerikanischen Übersetzung des japanischen Originals von J. T. A. Wegberg

Seite 196

John G. Kemeny, Report of The President's Commission on the Accident at Three Mile Island

Seite 197

Thomas Sebeok, Communication Measures to Bridge Ten Millenia, prepared for the Office of Nuclear Waste Isolation (Batelle Memorial Institute)

Seite 198

Bertolt Brecht, Vom Sprengen des Gartens

Seite 198 bis 200

Etta Jones, Bye, Bye, Blackbird.

Pack die Sorgen und Nöte ein, mir geht's nicht gut, so geh ich weg, Bye bye Amsel / (...) Niemand scheint mich zu lieben, zu verstehen / (...) Bye, bye, Amsel / Mach mein Bett, und mach mir Licht / Ich komm spät heut Nacht / Bye, bye, Amsel

Seite 200

Nina Maksimowa, Bilder vom Ablauf der Ereignisse. Aus dem Russischen übersetzt von Ingrid Gloede. In: Melanie Tatur, Die großen Streiks. Neue Arbeiterbewegung, Systemwechsel und Gewerkschaften

Seite 200

Ingeborg Bachmann, Ausfahrt

Seite 200f.

Die Bibel. Psalm 62

Seite 201

Französische Redewendung, wörtliche Übersetzung:

Auskommen mit dem, was an Bord ist.

Seite 201

George Brassens, Les copains d'abord. Übersetzung frei nach Dieter Kaiser:

Nein, es war nicht das Floß

Der Medusa, unser Boot.

...

Gemächlich schippert's vor sich hin,

so auf dem Ententeich ...

Seite 201

Bertolt Brecht, Hauspostille, Vom Klettern in Bäumen

Seite 201

Fabienne Thibeault, Le monde est stone.

Stone. Die Welt ist Stone.

Ich suche das Licht, mitten in der Nacht.

Seite 202

Ani DiFranco, Studying Stones.

Ich studiere hier draußen Steine

Versuche zu lernen, weniger am Leben zu sein

Seite 202

Cindy Lauper, The World Is Stone.

Stein. Die Welt ist Stein – keine Täuschung des Lichts, hart auf der Seele ...

Seite 203

Anglikanische Hymne, Abide With Me.

Übersetzung von Theodor Werner:

Bleib bei mir, Herr!

Der Abend bricht herein.

...

Unwandelbar bist du: Herr, bleib bei mir!

Seite 203

Frei nach Paul Gerhardt, Die güldne Sonne voll Freud und Wonne

Seite 203

James Joyce, Finnegans Wake

Bleibt Inundbeinander!

Seite 205

Bashô, Haibun, vom Japanischen ins Deutsche übersetzt von Ekkehard May

Seite 206

Johann Sebastian Bach, Choral, O Ewigkeit, du Donnerwort

Seite 206

James Joyce, Finnegans Wake,

Eigene Übersetzung der Passage

Seite 206

Johnny Cash, Danny Boy

rufen … Rosen fallen … werden süßer sein …

Seite 207

Friederike Mayröcker, ich sitze nur grausam da

Seite 207

Laurie Anderson, Big Science. Übersetzung von flowlez.com

Coo coo draußen ist es kalt. Coo coo es ist kalt draußen. …
Ooh coo coo. Goldene Städte. Goldene Städte. …
Große Wissenschaft. Halleluja. Große Wissenschaft. Yodellay-heehoo. …
Hey, Professor! Könnten Sie das Licht ausschalten?

Seite 208

James Joyce, Finnegans Wake.

Nun ist dein Nimmer!

Seite 208

Dylan Thomas, And death shall have no dominion. Ins Deutsche übersetzt von Erich Fried, Und dem Tod soll kein Reich mehr bleiben

Seite 208

Ani DiFranco, Little Plastic Castle.

In einem Kaffeeladen, in einer Stadt,
in jedem Kaffeeladen
in jeder Stadt

Annette Hug, geboren 1970 in der Schweiz, hat in Zürich und Manila Geschichte und Women and Development Studies studiert. Nach Tätigkeiten als Dozentin und Gewerkschaftssekretärin lebt sie heute als freie Autorin in Zürich. Ihr Roman *Wilhelm Tell in Manila* wurde ins Koreanische und Französische übersetzt. 2017 erhielt sie den Schweizer Literaturpreis des Schweizer Bundesamtes für Kultur.

www.wunderhorn.de